配网专业实训技术丛书

柱上开关设备
运维与检修技术

主　编　钱　肖　赵寿生
副主编　郝力军　吴志强　金　超

中国水利水电出版社
www.waterpub.com.cn
·北京·

内 容 提 要

本书是《配网专业实训技术丛书》之一。全书共分8章，分别介绍了柱上设备的基础知识、柱上负荷开关、柱上断路器、柱上隔离开关、户外跌落式熔断器、柱上避雷器、柱上电容器、柱上计量箱等内容。

本书既可作为从事配电线路运行管理、安装及验收、状态检修和教学等相关人员的专业参考书和培训教材，也可作为其他专业的教学参考用书。

图书在版编目（CIP）数据

柱上开关设备运维与检修技术 / 钱肖，赵寿生主编
. -- 北京 ：中国水利水电出版社，2018.2（2022.4重印）
（配网专业实训技术丛书）
ISBN 978-7-5170-6313-1

Ⅰ．①柱… Ⅱ．①钱… ②赵… Ⅲ．①配电系统－开关－电气设备－电力系统运行②配电系统－开关－电气设备－检修 Ⅳ．①TM56

中国版本图书馆CIP数据核字(2018)第030542号

书　　名	配网专业实训技术丛书 **柱上开关设备运维与检修技术** ZHUSHANG KAIGUAN SHEBEI YUNWEI YU JIANXIU JISHU	
作　　者	主　编　钱　肖　赵寿生 副主编　郝力军　吴志强　金　超	
出版发行	中国水利水电出版社 （北京市海淀区玉渊潭南路1号D座　100038） 网址：www.waterpub.com.cn E-mail：sales@mwr.gov.cn 电话：（010）68545888（营销中心）	
经　　售	北京科水图书销售有限公司 电话：（010）68545874、63202643 全国各地新华书店和相关出版物销售网点	
排　　版	北京时代澄宇科技有限公司	
印　　刷	天津嘉恒印务有限公司	
规　　格	184mm×260mm　16开本　9.5印张　225千字	
版　　次	2018年2月第1版　2022年4月第2次印刷	
印　　数	4001—5000册	
定　　价	**48.00元**	

凡购买我社图书，如有缺页、倒页、脱页的，本社营销中心负责调换

《配网专业实训技术丛书》

丛 书 编 委 会

本 书 编 委 会

主　　编　　钱　肖　　赵寿生

副 主 编　　郝力军　　吴志强　　金　超

参编人员　　陈涧宁　　丁俊荣　　赵品驹　　朱冰深　　刘江鹏

　　　　　　王　阳　　吴永进　　陈宇昊

前　言

近年来，国内城市化建设进程不断推进，居民生活水平不断提升，配网规模快速增长，社会对配网安全可靠供电的要求不断提高，为了加强专业技术培训，打造一支高素质的配网运维检修专业队伍，满足配网精益化运维检修的要求，我们编制了《配网专业实训技术丛书》，以期指导提升配网运维检修人员的理论知识水平和操作技能水平。

本丛书共有六个分册，分别是《配电线路运维与检修技术》《配电设备运行与检修技术》《柱上开关设备运维与检修技术》《配电线路工基本技能》《配网不停电作业技术》以及《低压配电设备运行与检修技术》。作为从事配电网运维检修工作的员工培训用书，本丛书将基本原理与现场操作相结合，将理论讲解与实际案例相结合，全面阐述了配网运行维护和检修相关技术要求，旨在帮助配网运维检修人员快速准确判断、查找、消除故障，提升配网运维检修人员分析、解决问题能力，规范现场作业标准，提升配网运维检修作业质量。

本丛书编写人员均为从事配网一线生产技术管理的专家，教材编写力求贴近现场工作实际，具有内容丰富、实用性和针对性强等特点，通过对本丛书的学习，读者可以快速掌握配电运行与检修技术，提高自己的业务水平和工作能力。

在本书编写过程中得到过许多领导和同事的支持和帮助，使内容有了较大改进，在此向他们表示衷心感谢。本书编写参阅了大量的参考文献，在此对其作者一并表示感谢。

由于编者水平有限，书中疏漏和不足之处在所难免，敬请广大读者批评指正。

编者

目　　录

第1章 柱上设备的基础知识

柱上设备是指电压在1kV及以上的电力系统中运行的柱上电气设备，主要用于配电线路的控制、保护及计量，可根据配电线路运行需要将一部分电力设备或线路投入或退出运行，也可在电力设备或线路发生故障时将故障部分从电网中快速切除，从而保证电网中无故障部分的正常运行及设备、运维人员的安全。

1.1 柱上设备的分类

柱上设备最常见的有柱上负荷开关、柱上断路器、柱上隔离开关、户外跌落式熔断器、柱上避雷器、柱上电容器、柱上计量箱等电气设备。

1. 柱上负荷开关

柱上负荷开关具有承载、分合额定电流的能力，但不能开断短路电流，主要用于线路的分段和故障隔离。

（1）产气式负荷开关。产气式负荷开关是利用固体产气材料组成的狭缝在电弧作用下产生大量气体形成气吹灭弧，因其结构简单、成本低廉而一度被广泛推广使用。

（2）真空、SF_6负荷开关。真空、SF_6负荷开关与真空、SF_6断路器外形、参数相似，区别在于负荷开关不配保护TA、不能开断短路电流，但可以承受短路电流、关合短路电流，具有寿命长、免维护的特点，机械寿命、额定电流开断次数10000次以上，适合于频繁操作。

（3）使用提示：

1）从使用来看，产气式负荷开关故障率较高，发生过灭弧罩脱落，多次一极开关烧毁，烧毁的主要原因是动、静触头合闸不能完全接触，局部接触电阻增大过热引起环氧树脂绝缘子炭化击穿。

2）在带电合闸时，产气式负荷开关有时会产生弧光泄漏，影响人身安全。据厂家介绍，开关设计时其灭弧过程主要考虑带电分负荷，当合闸时主、辅触头不同步时就易产生弧光泄漏。

3）产气式负荷开关灭弧罩需不定期维护，开断满负荷次数20次左右就需检查维修，不如真空、SF_6负荷开关可开断10000次以上，长期运行维护工作量大。

4）产气式负荷开关的操作机构可分为挂钩式、引下操作杆式，引下操作杆式在安装操作杆时应加锁，而锁具本身需不时更换、维护，造成运行不便。操作杆应安装离地2.5m以上，否则易受外力破坏。

2. 柱上断路器

柱上断路器，是供电系统中最重要是电气设备之一，具有一套完善的灭弧装置，能关合、承载、开断运行回路正常电流，并能在规定时间内关合、承载及开断规定的过载电流（包括短路电流）。柱上断路器在配电线路中担负着区间分段投切、控制、保护的作用。

根据断路器的灭弧介质，可分为油断路器、真空断路器、SF_6断路器。

（1）油断路器。油断路器是以绝缘油为灭弧介质。油断路器因开断能力差、油易燃、渗漏、易酿成二次事故而趋于淘汰。

（2）真空断路器。真空断路器是在高度真空中灭弧。真空中的电弧是在触头分离时电极蒸发出来的金属蒸气中形成的。电弧中的离子和电子迅速向周围空间扩散。当电弧电流到达零值时，触头间的粒子因扩散而消失的数量超过产生的数量，电弧即不能维持而熄灭。真空断路器开断能力强、时间短、体积小、无噪声、无污染、寿命长、维护少，可以频繁操作。

（3）SF_6断路器。SF_6断路器采用具有优良灭弧能力和绝缘能力的SF_6气体作为灭弧介质，SF_6是惰性气体，有很好的绝缘及灭弧效果。SF_6断路器是利用SF_6的灭弧特性，将其作为绝缘介质来工作的断路器，用于分合额定电流、故障电流或转换线路，实现对电力系统的保护、控制及操作。具有开断能力强、动作快、体积小等优点。它的电气寿命长、绝缘能力好，适宜中、高压电路的保护。

（4）使用提示：

1）真空、SF_6断路器均为少维护产品，正常状态设备的C类检修原则上特别重要设备6年1次，重要设备10年1次。满足《配网设备状态检修试验规程》（Q/GDW 643—2011）延长试验时间条件的设备，可推迟1个年度进行检修。

2）断路器应配置涌流延时器，若保护TA变比一次电流与安装点最大电流相同或相近，即使开关在低于安装点最大电流下运行，因保护稳定范围裕度小而处于不稳定状态，当线路合闸送电时由于配电线路中配变众多，励磁涌流的影响可能使开关需多次合闸才能成功，当大的负荷投入启动电流的冲击以及负荷波动的影响都会造成无故障跳闸。电子涌流延时器时间整定可十分精确，时间整定0～5s可调，一般时间整定应在0.05s以上。

3）SF_6断路器注意安装之后的气体泄漏检查，尤其是新安装投运后的两个月内。

4）选用的断路器宜具备重合功能。由于配电线路点多面广，发生瞬时性的故障概率多，如雷击、线间瞬时碰线，而断路器保护对短路电流非常敏感，瞬时动作跳闸，从而造成用户停电，而人工试送往往又能送出，这样就增加了运行人员的劳动强度，从另一方面讲也反而可能增加了停电时户数，违背了装设断路器隔离故障点、提高供电可靠性的本意。从我们实际运行经验来看，真正永久故障跳闸并不多见，实现重合功能应是十分必要的。

3. 柱上隔离开关

用于隔离电路的高压户外型隔离开关，在合闸位置能可靠地承载正常工作电流和短路电流，在分闸位置时，被分离的触头间有可靠绝缘的明显断口。柱上隔离开关无灭弧装置，一般不能、也不允许切断负荷电流和短路电流。它用来为线路设置可以开闭的断口，以满足检修和重构线路运行方式的需要。柱上隔离开关是最经济的开关装置，主要用于负荷密度低的地区或线路（一般动稳定电流不超过40kA）。

柱上隔离开关按总体结构可分为三相联动式和单相式。三相联动式柱上隔离开关的开关通过金属拉杆连接至安装在电杆离地面适当高度位置处的操作机构上，由人力或电动机构进行三相同步分、合操作，在操作机构上有分、合闸位置的锁定装置，并备有可挂锁的锁孔。单相式柱上隔离开关用人力使用绝缘操作棒进行逐相操作。通常开关底座在上方，绝缘子倒挂，开关向下开启，开关上有便于操作的钩环，在合闸位置有防止因自重或电动力作用而打开的锁定结构。柱上隔离开关无灭弧装置，一般不能、也不允许切断负荷电流和短路电流。但因其有一定自然断弧能力，故可开、断一定数值的电流。根据《高压交流隔离开关和接地开关》（DL/T 486—2010）的要求，当回路电流很小时，或者当隔离开关每极的两接线端间的电压在关合和开断前后无显著变化时，隔离开关应具有关合和开断回路的能力。所谓回路电流很小，是指套管、母线、连接线、非常短的电缆的容性电流，断路器上永久性连接的均压阻抗的电流，以及电压互感器和分压器的电流。电压无显著变化是指感应式电压调节装置或断路器被旁路的情况。

4. 户外跌落式熔断器

跌落式熔断器是 10kV 配电线路和配电变压器最常用的一种短路保护开关，它具有经济、操作方便、适应户外环境性强等特点，被广泛应用于 10kV 配电线路和配电变压器一次侧作为保护和进行设备的投、切操作之用。

其工作原理是，当短路电流通过熔丝熔断时，产生电弧，熔丝管内衬的钢纸管在电弧作用下产生大量的气体，因熔丝管上端被封死，气体向下端喷出，吹灭电弧。由于熔丝熔断，熔丝管的上、下动触头失去熔丝的系紧力，在熔丝管自身重力和上、下静触头弹簧片的作用下，熔丝管迅速跌落，使电路断开，切除故障段线路或者故障设备。

跌落式熔断器安装在 10kV 配电线路小容量的分段或分支线上，可缩小停电范围，因其有一个明显的断开点，具备了隔离开关的功能，给检修段线路和设备创造了一个安全作业环境，增加了检修人员的安全感。安装在配电变压器上，可以作为配电变压器的主保护，所以，在 10kV 配电线路和配电变压器中得到了普及。

5. 柱上避雷器

柱上避雷器通常连接在电网导线与地线之间，有时也连接在绕组旁或导线之间。柱上避雷器用于保护电气设备免受雷电过电压危害并限制续流时间，也常限制续流赋值。柱上避雷器应该并联连接在被保护的电气设备上，直接与接地线连接。

柱上避雷器根据使用场合不同可分为保护间隙避雷器、排气式避雷器、阀型避雷器、金属氧化物避雷器。每种类型避雷器的工作实质是相同的，都是为了保护线路和设备不受损害。

氧化锌避雷器是一种保护性能优越、质量轻、耐污秽、性能稳定的避雷设备。它主要利用氧化锌良好的非线性伏安特性，使在正常工作电压时流过避雷器的电流极小（微安或毫安级）；当过电压作用时，电阻急剧下降，泄放过电压的能量，达到保护的效果。这种避雷器和传统避雷器的差异是它没有放电间隙，利用氧化锌的非线性特性起到泄流和开断的作用。

6. 柱上电容器

柱上电容器用来改善工频电力系统的功率因数，减少线路损耗，提高供电电压质量。电力系统的用电设备在使用时会产生无功功率，而且通常是电感性的，它会使电源的容量使用效率降低，而通过在系统中适当地增加电容的方式就可以得以改善。

无功功率补偿的基本原理就是把具有容性功率负荷的装置与感性功率负荷并联接在同一电路，当容性功率负荷释放能量时，感性功率负荷吸收能量；而感性功率负荷释放能量时，容性功率负荷却在吸收能量。能量在两种负荷之间交换。这样感性功率负荷所需要的无功功率可从容性功率负荷输出的无功功率中得到补偿。

7. 柱上计量箱

柱上计量箱由组合互感器和电表箱两部分组成，分体式布置。在配电线路上起电能计量作用。

1.2 柱上开关的额定参数及意义

1. 额定电压

额定电压等于柱上开关所在系统的最高电压，它表示设备用于的电网的系统最高电压的最大值。

2. 额定电流

额定电流为在规定的使用和性能条件下，柱上开关主回路能够连续承载的电流的有效值。

3. 额定绝缘水平

（1）额定工频耐受电压。

额定工频耐受电压为在规定的条件和时间下进行试验时，柱上开关所能耐受的正弦工频电压有效值。一般来讲，对柱上开关相间及对地耐压水平的要求一样，而对断口的要求稍高。

（2）雷电冲击耐受电压。

雷电冲击耐受电压为在规定的试验条件下，柱上开关所能耐受的标准雷电冲击电压波的峰值。一般来讲，对柱上开关相间及对地耐压水平的要求一样，而对断口的要求稍高。

4. 额定短路开断电流

额定短路开断电流为在规定的使用和性能条件下，柱上开关所能开断的最大短路电流。

5. 额定短路关合电流（峰值）

额定短路关合电流（峰值）为具有极间同期性的柱上开关的额定短路关合电流是与额定电压和额定频率相对应的额定参数。对于额定频率为 $50\,Hz$ 且时间常数标准值为 $45\,ms$，额定短路关合电流等于额定短路开断电流交流分量有效值的 2.5 倍；对于所有特殊工况的时间常数，额定短路关合电流等于额定短路开断电流交流分量有效值的 2.7 倍，与柱上开关的额定频率无关。

6. 额定短时耐受电流

额定短时耐受电流为在规定的使用和性能条件下，在规定的短时间内，柱上开关在合闸位置能够承载的电流的有效值，其值等于额定短路开断电流。

7. 额定短路持续时间

额定短路持续时间为柱上开关在合闸位置能够承载额定短路耐受电流的时间。

8. 额定峰值耐受电流

额定峰值耐受电流为在规定的使用和性能条件下，柱上开关在合闸位置能够承载的额定短路耐受电流第一个大半波的电流峰值，其值等于额定短路关合电流。

9. 额定操作顺序

有以下两种可供选择的额定操作顺序：

（1）分－t－合分－t_1－合分。

$t=3\text{min}$，不用于快速自动重合闸的柱上开关；

$t=0.3\text{s}$，用于快速自动重合闸的断路器（无电流时间）；

$t_1=3\text{min}$。

注：$t=0.3\text{s}$ 有时为 0.5s，一般也称无电流间隔时间，是断路器开断故障电流后，从电弧熄灭起到电路合闸重新接通的时间。

（2）合分－t_2－合分。

$t_2=15\text{s}$，不用于快速自动重合闸的柱上开关。

10. 额定线路充电开断电流

额定线路充电开断电流是指在规定的使用和性能条件及在其额定电压下所能开断的最大线路充电电流。

11. 额定电缆充电开断电流

额定电缆充电开断电流是指在规定的使用和性能条件及在其额定电压下所能开断的最大电缆充电电流。

12. 机械寿命

机械寿命主要指柱上开关空载操作循环次数，每次操作包括一次合闸操作和一次分闸操作。目前，国内制造商水平一般为机械寿命达 10000 次或 20000 次。

1.3 电 弧 理 论

高压开关设备在使用过程中其技术参数需满足运行情况的要求（技术参数的意义），通常在设备选择时已经校核过相关的技术参数，但在运行过程中有些要求可能发生改变，此时需对有关的技术参数重新进行校核，确认设备是否满足技术要求。

1.3.1 电弧现象

电弧是一种能量集中、温度很高、亮度很强的放电现象。如 10kV 断路器开断 20kA 的电流时，电弧功率高达 10000kW 以上，造成电弧及其附近区域的介质极其强烈的物理、化学变化，可能烧坏触头及触头附近的其他部件。如果电弧长期不灭，将会烧毁电器甚至引起爆炸，危及电力系统的安全运行，造成重大损失。所以，切断电路时，必须尽快熄灭电弧。

电弧是导体，虽然开关电器的触头已经分开，但是触头间如有电弧存在，电路就还没有断开，电流仍然存在。

电弧是一种自持放电现象，即电弧一旦形成，维持电弧稳定燃烧所需的电压很低。如，大气中 1cm 长的直流电弧的弧柱电压只有 15～30V，在变压器油中也不过100～200V。

电弧是一束游离气体，质量很轻，容易变形，在外力作用下（如气体、液体的流动或电动力作用）会迅速移动、伸长或弯曲，对敞露在大气中的电弧尤为明显。如在大气中开断交流 110kV、5A 的电流时，电弧长度超过 7m。电弧移动速度可达每秒几十米至几百米。

在开关设备中，电弧的存在延长了开断故障电路的时间，加重了电力系统短路故障的危害。电弧产生的高温，将使触头表面熔化和蒸化，烧坏绝缘材料。对充油电气设备还可能引起着火、爆炸等危险。另外由于电弧在电动力、热力作用下能移动，很容易造成飞弧短路和伤人，或引起事故的扩大。

1.3.2 电弧的产生与维持

开关电器中电弧的形成是触头间具有电压以及绝缘介质分子被游离的结果。其主要的游离方式有强电场发射、热电子发射、碰撞游离及热游离。

1. 强电场发射

开关电器触头开始分离时，触头间距很小，即使电压很低，只有几百伏甚至几十伏，但是电场强度却很大。由于上述原因，阴极表面可能向外发射电子，这种现象称为强电场发射。

2. 热电子发射

触头是由金属材料制成的，在常温下，金属内部就存在大量的自由电子，当开关开断电路时，在触头分离的瞬间，一方面动静触头间的压力不断下降，接触面积减小，因而接触电阻增大，温度剧升；另一方面由于大电流被切断，在阴极上出现强烈的炽热点，从而有电子从阴极表面向四周发射，这种现象称为热电子发射。发射电子的多少与阴极材料及表面温度有关。

3. 碰撞游离

从阴极表面发射出来的电子，在电场力的作用下向阳极作加速运动，并不断与中性质点碰撞，如果电场足够强，电子所受的电场力足够大，且两次碰撞间的自由行程足够大，电子积累的能量足够多，则发生碰撞时就可能使中性质点发生游离，产生新的自由电子和正离子，这种现象称为碰撞游离。新产生的自由电子在电场中作加速运动又可能与中性质点发生碰撞而产生碰撞游离。结果使触头间充满大量自由电子和正离子，使触头间电阻很小，在外加电压作用下，带电粒子作定向运动形成电流，使介质击穿而形成电弧。

4. 热游离

处于高温下的中性质点由于高温而产生强烈的热运动。相互碰撞而发生的游离称为热游离。其作用为维持电弧的燃烧。一般气体发生热游离的温度为 9000～10000℃，而金属蒸气为 4000～5000℃。因为电弧中总有一些金属蒸气，而弧柱温度在 5000℃以上，所以，热游离足以维持电弧的燃烧。

电弧的形成过程实际上是一个连续的过程。最初，由阴极借强电场和热电子发射提供起始自由电子，然后由于碰撞游离导致介质击穿而产生电弧，最后靠热游离来维持。

1.3.3　电弧的熄灭

在开关电器的触头间，绝缘介质通过游离产生了电弧。然而在游离的同时，还存在着一种与游离相反的过程，即在电弧中，介质因游离而产生大量带电粒子的同时，还会发生带电粒子消失的相反过程，称为去游离。若游离作用大于去游离作用，则电弧电流增大，电弧燃烧更加强烈；若游离作用等于去游离作用，则电弧电流不变，电弧稳定燃烧；若游离作用小于去游离作用，则电弧电流减小，电弧最终熄灭。所以，要熄灭电弧，必须采取措施加强去游离作用而削弱游离作用。去游离的方式主要有以下几种。

1. 复合

复合是异号带电粒子相互吸引而中和成中性质点的现象。在电弧中，电子的运动速度远大于正离子，所以电子与正离子直接复合的可能性很小，复合是借助于中性质点进行的，即电子在运动过程中，先附着在中性质点上，形成负离子，然后质量和运动速度大致相等的正、负离子复合成中性质点。既然复合过程只有在离子运动的相对速度不大时才有可能，若利用液体或气体吹弧，或将电弧挤入绝缘冷壁做成的狭缝中，都能迅速冷却电弧，减小离子的运动速度，加强复合作用，此外增加气体压力，使气体密度增加，也是加强复合作用的措施。

2. 扩散

扩散是弧柱内带电粒子逸出弧柱以外进入周围介质的一种现象。扩散是由于带电粒子不规则的运行，以及电弧内带电粒子的密度大于电弧外带电粒子，电弧中的温度远高于周围介质的温度造成的。电弧和周围介质温差越大，以及带电粒子密度差越大，扩散作用就越强。在高压断路器中，常采用气体吹弧，带走大量带电粒子，以加强扩散作用，扩散出来的正、负离子，因冷却而加强复合，成为中性质点。

1.3.4　影响去游离的因素

1. 电弧温度

电弧是由热游离维持的，降低电弧温度就可以减弱热游离，减少新的带电质点的产生。同时也减小了带电质点的运动速度，加强了复合作用。通过快速拉长电弧，用气体或油吹动电弧，或使电弧与固体介质表面接触等，都可以降低电弧的温度。

2. 介质的特性

电弧燃烧时所在介质的特性在很大程度上决定了电弧中去游离的强度，这些特性包括导热系数、热容量、热游离温度、介电强度等。若这些参数值越大，则去游离过程就越强，电弧就越容易熄灭。

3. 气体介质的压力

气体介质的压力对电弧去游离的影响很大。因为气体的压力越大，电弧中质点的浓度就越大，质点间的距离就越小，复合作用越强，电弧就越容易熄灭。在高度的真空中，由于发生碰撞的概率减小，抑制了碰撞游离，而扩散作用却很强。因此，真空是很好的灭弧介质。

4. 触头材料

触头材料也影响去游离的过程。当触头采用熔点高、导热能力强和热容量大的耐高温金属时，减少了热电子的发射和电弧中的金属蒸气，有利于电弧熄灭。

1.3.5 电弧的熄灭

1. 直流电弧的熄灭方法

在稳定燃烧着的直流电弧中，游离质点数是不变的，因而电弧电流为常数。要使电弧熄灭，必须使电弧电压大于电源电压与电路的负载电阻电压降之差。其物理意义是，当电源电压不足以维持稳态电弧电压及电路负载电阻电压降时，将引起电弧电流的减小，于是电弧开始不稳定燃烧，电流将继续减小直到零，电弧即自行熄灭。在直流电路中，负载电流越大，触头断开时产生的电弧越不容易熄灭。

在直流电路中，总存在电感，当断开直流电路时，由于电流的迅速减小，必然要在电路中产生自感电动势。此电动势加到电源电压上，会引起操作过电压，过电压值的大小取决于电感的大小和电流的变化率。电弧的去游离越强，则电流的变化率越大，操作过电压值也越高。因此，断开直流电路用的开关电器，不宜采用灭弧能力特别强的灭弧装置。

直流电弧熄灭的方法常有：①增大回路电阻；②将长电弧分割为多个短电弧；③增大电弧长度；④使电弧与耐弧度绝缘材料紧密接触。

2. 交流电弧的熄灭方法

在交流电路中，电流的瞬时值不断地随时间变化，因此电弧的特性应是动态特性，并且交流电流每半个周期经过一次零值。电流过零时，电弧自动熄灭。如果电弧是稳定燃烧的，则电弧电流过零熄灭后，在另半周期又会重新燃烧。

在交流电路中，电流瞬时值随时间变化，因而电弧的温度、直径以及电弧电压也随时间变化，电弧的这种特性称为动态特性。由于弧柱的受热升温或散热降温都有一定过程，跟不上快速变化的电流，所以以电弧温度的变化总滞后于电流的变化，这种现象称为电弧的热惯性。

经过对图1-1的分析，可见交流电弧在交流电流过零时将自动熄灭，但在下半周期随着电压的增高，电弧又重燃。如果电弧过零后，电弧不发生重燃，电弧就此熄灭。

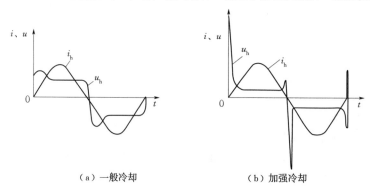

（a）一般冷却 　　　　　　　（b）加强冷却

图1-1　交流电弧电压变化曲线

3. 交流电弧的熄灭条件

交流电弧是否重燃取决于弧隙内介质强度和加在弧隙上的电压。在交流电弧中，电流自然过零时，电弧中有两个相联系的过程同时存在，即电压恢复过程和介质强度恢复过程。一方面弧隙介质强度随去游离的加强而逐渐恢复；另一方面，加于弧隙的电压将按一定规律由熄弧电压恢复到电源电压，使游离作用加强。因此，电流过零后，如果弧隙介质强度的恢复速度大于弧隙电压的恢复速度时，弧隙就不会再次被击穿，否则电弧将重燃。

弧隙介质能够承受外加电压作用而不致使弧隙击穿的电压称为弧隙的介质强度。当电弧电流过零时电弧熄灭，而弧隙的介质强度要恢复到正常状态值还需一定的时间，此恢复过程称之为弧隙介质强度的恢复过程，以耐受的电压 $u_j(t)$ 表示。

电流过零前，弧隙电压呈马鞍形变化，电压值很低，电源电压的绝大部分降落在线路和负载阻抗上。电流过零时，弧隙电压正处于马鞍形的后峰值处。电流过零后，弧隙电压从后峰值逐渐增长，一直恢复到电源电压，这一过程中的弧隙电压称为恢复电压，其电压恢复过程以 $u_h(t)$ 表示。恢复电压与介质强度曲线如图 1-2 所示。

如果弧隙介质强度在任何情况下都高于弧隙恢复电压，则电弧熄灭；反之，如果弧隙恢复电压高于弧隙介质强度，弧隙就被击穿，电弧重燃。因此，交流电弧的熄灭条件为

$$u_j(t) > u_h(t) \qquad (1-1)$$

式中　$u_j(t)$——弧隙介质强度；

　　　$u_h(t)$——弧隙恢复电压。

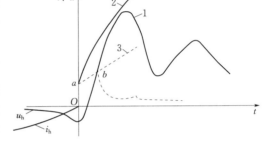

图 1-2　恢复电压与介质强度曲线
1—弧隙恢复电压曲线；2、3—弧隙介质强度曲线

1.3.6　熄灭交流电弧的基本方法

高压断路器中利用各种预先设计好的灭弧室，使气体或油在电弧高温下产生巨大压力，并利用喷口形成强烈吹弧。即起到对流换热、加强冷却弧隙的作用，又起到部分取代原弧隙中游离气体或高温气体的作用。电弧被拉长、冷却后变细，复合加强，同时吹弧也有利于扩散，最终使电弧熄灭。

为了加强冷却，抑制热游离，增强去游离，在开关电器中装设专用的灭弧装置或使用特殊的灭弧介质，以提高开关的灭弧能力。在灭弧室的设计时，常采用以下措施提高灭弧能力。

1. 采用灭弧能力强的灭弧介质

灭弧介质的特性，如导热系数、电强度、热游离温度、热容量等，对电弧的游离程度具有很大影响，这些参数值越大，去游离作用就越强。在高压开关设备中，广泛采用变压器油、压缩空气、SF_6 气体、真空等作为灭弧介质。变压器油在电弧高温的作用下，分解出大量氢气和油蒸汽，氢气的绝缘和灭弧能力是空气的 7.5 倍。压缩空气分子密度大，质点的自由行程小，不易发生游离。SF_6 气体具有良好的负电性，氟原子吸附电子能力很

强，能迅速捕捉自由电子形成负离子，对复合有利。气体压力低于 133.3×10^{-4} Pa 的真空介质，气体稀薄，弧隙中的自由电子和中性质点都很少，碰撞游离的可能性大大减少，而且弧柱内与弧柱外带电粒子的浓度差和温差都很大，有利于扩散；其绝缘能力比变压器油、1 个大气压下的 SF_6 和空气都大。

2. 利用气体或油吹弧

用新鲜而且低温的介质吹弧时，可以将带电质点吹到弧隙以外，加强了扩散，由于电弧被拉长变细，使弧隙的电导率下降。吹弧还使电弧的温度下降，热游离减弱，复合加快。熄灭交流电弧的关键在于电弧电流过零后，弧隙的介质强度的恢复过程能否始终大于弧隙电压的恢复过程。可按吹弧气流的产生方法和吹弧方向的不同进行分类。其中，吹弧气流产生的方法有：①用油气吹弧。用油气作吹弧介质的断路器称为油断路器。在这种断路器中，有用专用材料制成的灭弧室，其中充满了绝缘油。当断路器触头分离产生电弧后，电弧的高温使一部分绝缘油迅速分解为氢气、乙炔、甲烷、乙烷、二氧化碳等气体，其中氢气的灭弧能力是空气的 7.5 倍。这些油气体在灭弧室中积蓄能量，一旦打开吹口，即形成高压气流吹弧。②用压缩空气或 SF_6 气体吹弧。将 20 个大气压强左右的压缩空气或 5 个大气压强左右的 SF_6 气体先储存在专门的储气罐中，断路器分闸时产生电弧，随后打开喷口，用具有一定压力的气体吹弧。③产气管吹弧。产气管由纤维、塑料等有机固体材料制成，电弧燃烧时与产气管的内壁紧密接触，在高温作用下，一部分管壁材料迅速分解为氢气、二氧化碳等，这些气体在产气管内受热膨胀，增加压力，向产气管的端部形成吹弧。

吹弧的方向分为纵吹与横吹两种方式。吹弧的介质（气流或油流）沿电弧方向的吹拂称为纵吹，纵吹能增强弧柱中的带电质点向外扩散，使新鲜介质更好地与炽热电弧接触，加强电弧的冷却，有利于迅速灭弧。横吹时气流或油流的方向与触头运动方向是垂直的，或者说与电弧轴线方向是垂直的。横吹不但能加强冷却和增强扩散，还能将电弧迅速吹弯吹长。有介质灭弧栅的横吹灭弧室，栅片能充分地冷却和吸附电弧，加强去游离。横吹灭弧室在开断小电流时因室内压力太小，开断性能较差。为了改善开断小电流时的灭弧性能，一般断路器将纵吹和横吹结合起来。在大电流时主要靠横吹，小电流时主要靠纵吹，这就是纵、横吹灭弧室。

3. 采用特殊的金属材料作灭弧介质

触头材料对电弧中的去游离也有一定影响，采用铜、钨合金和银、钨合金等熔点高、导热系数和热容量大的耐高温金属制作触头，有较高的抗电弧、抗熔焊能力，可以减少热电子发射和金属蒸气，从而减弱了游离过程，有利于熄灭电弧。

4. 提高断路器触头的分离速度

迅速拉长电弧，可使弧隙的电场强度骤降，同时使电弧的表面积突然增大，增加电弧与周围介质的接触面积，有利于电弧的冷却及带电质点的扩散和复合，从而加速电弧的熄灭。因此，现代高压开关中都采取了迅速拉长电弧的措施灭弧，如采用强力分闸弹簧，其分闸速度已达 16m/s 以上。

5. 将长电弧分割成短电弧

将灭弧装置设计一个金属栅灭弧罩，利用将电弧分为多个串联的短弧的方法来灭弧。

由于受到电磁力的作用，电弧从金属栅片的缺口处被引入金属栅片内，一束长弧就被多个金属片分割成多个串联的短弧。如果所有串联短弧阴极区的起始介质强度或阴极区的电压降的总和永远大于触头间的外施电压，电弧就不再重燃而熄灭。

6. 利用固体介质的狭缝或狭沟灭弧

电弧与固体介质紧密接触时，固体介质在电弧高温的作用下分解而产生气体，狭缝或狭沟中的气体因受热膨胀而压力增大，同时由于附着在固体介质表面的带电质点强烈复合和固体介质对电弧的冷却，使去游离作用显著增强。

1.4　接　触　电　阻

1.4.1　接触电阻的定义及构成

导体通过接触连接时，由于接触的不连续性会产生一个附加的电阻，称为接触电阻。

在显微镜下观察接触件的表面，尽管镀层十分光滑，但仍能观察到 $5\sim10\mu m$ 的凸起部分。因此一对接触件的接触，并不是整个接触面（线）的接触，而是散布在接触面上一些点的接触，实际接触面必然小于理论接触面。根据表面光滑程度及接触压力大小，两者差距有的可达几千倍。实际接触面可分为两部分：①真正金属与金属直接接触部分，即金属间无过渡电阻的接触微点，也称接触斑点。它是由接触压力或热作用破坏界面膜后形成的，部分占实际接触面积的 $5\%\sim10\%$；②通过接触界面污染薄膜后相互接触的部分，因为任何金属都有返回原氧化物状态的倾向。实际上，在大气中不存在真正洁净的金属表面，即使很洁净的金属表面，一旦暴露在大气中，便会很快生成几微米的初期氧化膜层。例如铜只要 $2\sim3\min$，镍约 $30\min$，铝仅需 $2\sim3s$，其表面便可形成厚度约 $2\mu m$ 的氧化膜层。即使特别稳定的贵金属金，由于其表面能较高，其表面也会形成一层有机气体吸附膜。此外，大气中的尘埃等也会在接触件表面形成沉积膜。因而，从微观分析任何接触面都是一个污染面。

综上所述，接触电阻由以下两部分组成：

（1）集中电阻。电流通过实际接触面时，由于电流线收缩（或称集中）形成的电阻，将其称为集中电阻或收缩电阻。

（2）膜层电阻。由于接触表面膜层及其他污染物所构成的膜层电阻。从接触表面状态分析，表面污染膜可分为较坚实的薄膜层和较松散的杂质污染层。所以确切地说，也可把膜层电阻称为界面电阻或表面电阻。

断路器导电回路的电阻主要取决于灭弧室动、静触头间的接触电阻，接触电阻的存在，增加了导体在通电时的损耗，使接触处的温度升高，其值的大小直接影响正常工作时的载流能力，在一定程度上影响短路电流的开断能力。

1.4.2　接触电阻的影响因素

接触电阻主要受接触件材料、接触压力、接触形式、表面状态、温度、使用电压和电流等因素影响。

1. 接触件材料

构成电接触的金属材料的性质直接影响接触电阻的大小，这些性质包括金属材料的电阻率 ρ、布氏硬度 HB、化学性能以及金属化合物的机械强度和电阻率等。材料的电阻率或硬度越大，则接触电阻也越大。

2. 接触压力

接触件的接触压力是指施加于彼此接触的表面并垂直于接触表面的力。随着接触压力增加，接触微点数量及面积也逐渐增加，同时接触微点从弹性变形过渡到塑性变形。由于集中电阻逐渐减小，而使接触电阻降低。但当接触压力超过一定值（150N 左右）后，接触电阻就基本保持不变。实验表明，在接触压力较小时，接触电阻上、下限的差别高达 10 倍之多。而当压力增大后，接触电阻的分散度逐渐变小，接触电阻上、下限的差别减少到 1.5 倍。

3. 接触形式

接触形式不同也会影响接触电阻的大小。接触形式主要分为点接触、线接触和面接触三种，接触压力较小时，点接触的接触电阻较低；接触压力较大时，面接触的接触电阻较低；在更大接触压力时，三种接触形式的接触电阻相差不大。

4. 表面状态

接触件的表面膜层包括两部分：一部分是由于尘埃、松香、油污等在接触表面机械附着沉积形成的较松散的表面膜。这层表面膜由于带有微粒物质，极易嵌藏在接触表面的微观凹坑处，使接触面积缩小，接触电阻增大，且极不稳定；另一部分是由于物理吸附及化学吸附所形成的污染膜。对金属表面主要是化学吸附，它是在物理吸附后伴随电子迁移而产生的。故对一些可靠性要求高的产品，如真空断路器或 SF_6 断路器的灭弧室必须要有洁净的装配生产环境条件，完善的清洗工艺及必要的结构密封措施，使用单位必须要有良好的贮存和使用操作环境条件。同时，接触表面的光洁度也会对接触电阻有影响。光洁度不易要求过高，试验表明，过于精细的表面加工对于降低接触电阻未必是有利的。

5. 温度

温度对接触电阻也有影响，主要有两个方面的原因：①电阻率的改变，电阻率随温度升高而增加；②材料硬度的改变，当材料温度上升到接近软化点时，硬度将急剧下降。

6. 使用电压

使用电压达到一定阈值，会使接触件膜层被击穿，而使接触电阻迅速下降。但由于热效应加速了膜层附近区域的化学反应，对膜层有一定的修复作用，于是阻值呈现非线性。在阈值电压附近，电压降的微小波动会引起电流可能二十倍或几十倍范围内变化，使接触电阻发生很大变化。

7. 电流

当电流超过一定值时，接触件界面微小点处通电后产生的焦耳热作用使金属软化或熔化，会对集中电阻产生影响，随之降低接触电阻。

1.4.3　计算接触电阻的经验公式

影响接触电阻的因素很多，要准确地计算接触电阻是很困难的，通常只能用经验公式

进行估算。一般的经验公式为

$$R_c = K_c / Fm \tag{1-2}$$

式中　R_c——接触电阻，$\mu\Omega$；

　　　F——接触压力，N；

　　　m——与接触形式有关的系数，对点、线、面接触，分别取 0.5、0.7、1（也有线
　　　　　接触取 0.75，高压力时的面接触取 0.8～0.95）；

　　　K_c——与接触材料、表面情况、接触形式等有关的系数，通常由实验得出，见表 1-1。

表 1-1　　　　　　　　　　　　　接 触 电 阻 接 触 系 数

接触材料		K_c	接触材料	K_c
银-银		60	黄铜-黄铜	670
铜-铜（无氧化物）		80～140	铅-铜	980
铜镀锡-铜镀锡	干燥	100	铅-黄铜	1900
	涂油	70		

　　需要指出的是，影响接触电阻的因素极为复杂，上述经验公式只用 K_c、m 两个系数
来概括各种因素的影响，当然是很不充分的。正因为如此，不同研究者得出的 m 和 K_c 值
往往差别很大。

1.4.4　电接触分类及要求

1. 定义

电接触是导体与导体的接触处，也称为两个或 N 个导体通过机械方式连接，使电流
得以流通。

2. 分类

按结构形式的不同，分为以下三类：

（1）固定电接触：用螺钉、铆钉等将母线与母线固定连接在一起，是既无相对移动也
无相对分、合的电接触方式。

（2）滑动和滚动电接触：触头能做相对滑动和滚动，但不相互分离，它们的相对运动
方向与接触表面平行。

（3）可分、合电接触：可分、合电接触又叫触头或触点，是指可随时分开和闭合的电
接触，常由动、静触头组成。为防止电弧将主触头烧损，有时将主、副和弧触头并联在一
起使用。触头根据控制电流的大小分为：弱电流触头（几安培以下，如继电器的触头）、
中电流触头（几安培至几百安培，如低压断路器的触头）和强电流触头（几百安培以上，
如高压断路器的触头）。

按接触面积大小的不同，可分为点接触、线接触及面接触三种。

3. 对电接触的主要要求

电接触在工作时，一方面要承受长期工作时的额定电流，另一方面要承受开关开断与
关合过程中产生的电弧作用。因此，对电器的电接触，特别是可分、合触头的工作可靠性
极其重要。如果触头的材料、结构或制造质量不好，触头在工作过程中就会发生严重损坏

或因电弧而熔焊，电器工作的可靠性就无法保证。为保证电接触长期稳定而可靠工作，必须做到：

（1）电接触在额定电流下长期运行时，其温升不超过国家标准规定限值，且温升应长期保持稳定。

（2）电接触在短时通过短路电流或脉冲电流时，接触处不发送熔焊或松弛。

（3）可分、合接触在开断过程中，接触材料损失尽量小。

（4）可分、合接触在关合过程中，接触处不应发生不能断开的熔焊，且触头表面不应有严重损伤或变形。

（5）电接触应能承受国家标准规定的额定操作次数的短路电流冲击而不发生损坏。

第2章 柱上负荷开关

柱上负荷开关是一种功能介于断路器和隔离开关之间的开关电器。它具有简单的灭弧装置，能够切断额定负荷电流和一定的过负荷电流，但不能用来切断短路电流。根据断口绝缘介质的不同，10kV 柱上负荷开关主要分为真空负荷开关和 SF_6 负荷开关两种。

2.1 基本结构与工作原理

2.1.1 SF_6 负荷开关

SF_6 负荷开关符号及含义如图 2-1 所示。

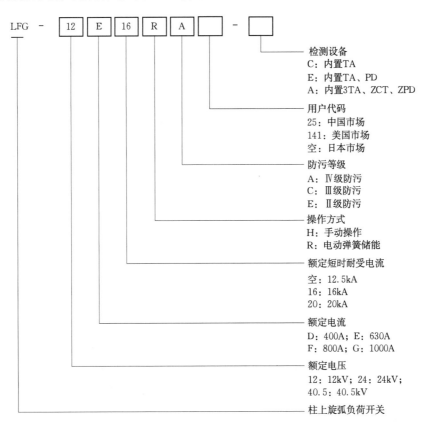

图 2-1 柱上负荷开关符号及含义

柱上负荷开关的基本结构如图 2-2 所示，开关内部结构如图 2-3 所示。

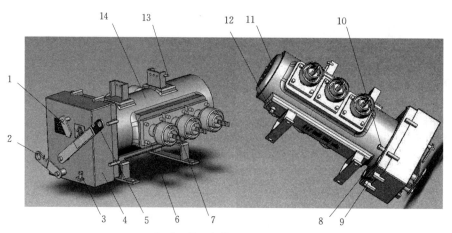

图2-2 柱上负荷开关的基本结构

1—分、合闸指针；2—分闸手柄；3—操作限位；4—操作机构；5—合闸手柄；
6—瓷瓶固定螺栓（白色标记）；7—接线端子；8—二次电缆插座；9—低气压闭锁指针；
10—接地端子；11—端盖（内置防爆膜）；12—充气阀；13—吊钩；14—开关壳体（内充 SF_6）

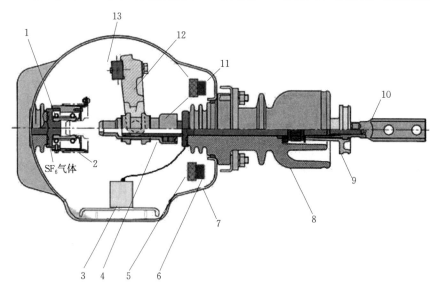

图2-3 开关内部结构

1—静触头；2—消弧盘；3—ZPD；4—带状触指（手风琴状）；5—ZCT；6—TA；7—水压胀形的壳体；
8—瓷套；9—绝缘套支架；10—端子；11—动触头；12—绝缘拐臂；13—驱动轴（与电动操作机构相连）

（1）低气压闭锁及报警指示装置。为了保证使用的安全性，本开关设有低气压闭锁及报警指示装置。当开关内部气体的压力降低到规定值以下时，闭锁装置通过机械的方式将开关锁定，不允许进行分、合闸操作，同时在开关的机构箱下部对应的指针便指向"故障"位置，并通过"PS回路"发出电气信号。

（2）防爆泄压装置。为了保证开关在发生严重内部燃弧故障时，不至于压力过高而将开关壳体损坏进而伤及周围的人员或设备，本开关还装设有防爆泄压装置。该装置镶嵌在开关一端的圆形封板中。

2.1.2 真空负荷开关

该产品的整体结构分为两部分：本体部分和操作机构，如图2-4所示。

图2-4 真空负荷开关

真空负荷开关符号及含义如图2-5所示。

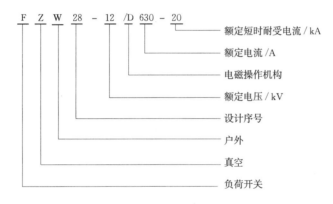

图2-5 真空负荷开关符号及含义

1. 本体部分

产品本体结构为三相共箱式，所有零部件都组装在焊接密封的不锈钢壳体内。采用真空灭弧、SF_6气体绝缘，为了提高绝缘性能，相间及相对地（外壳）之间有绝缘板。主要由壳体、主回路装配、传动部分、吊装和防爆装置及内置检测元件等部分组成。真空负荷开关结构图如图2-6所示。

（1）壳体。壳体采用2.5mm厚的优质碳钢或不锈钢板制成，结构坚固。采用TIG氩弧熔接焊接，并在制造工艺上保证开关壳体SF_6气密性。壳体外表面喷涂浅灰色漆，具有防止锈蚀、抗击恶劣环境条件能力。壳体上具有不锈钢接地螺柱和接地标记，供安装接地线用。

（2）主回路装配。产品主回路由进线套管、隔离开关、软连接、导电夹、真空灭弧室、出线套管构成。真空灭弧室与出线套管装配为一体，为了提高真空断口的可靠性，在真空灭弧室的动端串联了一个隔离断口，隔离静触头安装在进线套管上，隔离动触头安装在绝缘隔离轴上。

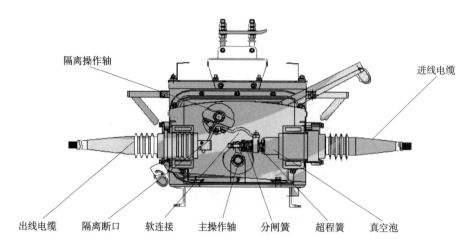

隔离操作轴　　　　　　　　　　　　　　　　　　　　　　　进线电缆

出线电缆　隔离断口　软连接　主操作轴　分闸簧　超程簧　真空泡

图 2-6　真空负荷开关结构图

产品进出线套管具有瓷套管和硅橡胶套管两种可供选择。瓷套管为氧化铝材料烧制。硅橡胶套管是由户外环氧树脂和硅橡胶制成，具有较高的绝缘强度和机械强度。

（3）传动部分。三相真空灭弧室通过调节螺杆与绝缘主轴连接在一起。绝缘隔离轴上装有三相隔离动触头，绝缘主轴和绝缘隔离轴在机构输出轴的带动下产生动作，并把这些动作通过上述传动部分带动真空灭弧室及其串联的隔离开关实现分合闸操作。

（4）吊装和防爆装置。产品具有座式安装和吊式安装两种安装方式。壳体上方的吊装装置，供产品安装、固定、搬运和吊装用，并与防爆装置相配合，防止开关因内部异常而引起气体压力急剧上升时导致容器破裂。为了使检查和巡视人员在杆下就能发现开关是否发生了故障，设有翻板式故障指示装置。

（5）内置检测元件。为满足不同用户的需求，产品可内置不同功能的检测元件，以采集相关配电网运行参数，通过不同配置组合实现不同的功能。如：

产品内部可装 A、C 两相电流互感器与一只零序电流互感器或三相电流互感器，与一只电压互感器及相关功能控制器配合使用，组成具有速断保护、过电流保护、防涌流保护以及零序保护等功能的真空分界开关。

产品内部可装三相电流互感器与两只电压互感器及相关功能控制器配合使用，组成具有速断保护、过电流保护、防涌流保护以及零序保护等功能的环网联络开关。

2．操作机构部分

操作机构采用电磁操作机构，同时具有电动/手动储能，电动/手动分合的功能，结构简单，操作功耗低。整个结构由电磁机构、手动分合闸系统、储能系统、机械保持系统、分闸线圈及储能指示等部件组成。

该机构置于密封的机构罩中，可有效防止操作机构锈蚀问题，提高操作机构的可靠性。机构罩上有明显的"分""合"等指示牌，开关的分、合指示轴与开关内部主轴相连接，和开关三相触头同步转动，可准确显示开关的动作状态，标示牌上喷涂反光漆，在地面往上可以清晰地看到。

3. 工作原理

产品采用真空灭弧，SF₆气体绝缘。当产品接到合闸指令后，操作机构分别带动绝缘主轴和绝缘隔离轴运动，使负荷开关的动触头和静触头先闭合，然后使真空灭弧室的动触头和静触头再闭合，电源与负载接通，电流流过负载；相反，当产品接到分闸指令后，操作机构带动绝缘主轴和绝缘隔离轴运动，使真空灭弧室动触头和静触头先分离，随后负荷开关的动触头和静触头再分离。在真空灭弧室的动、静触头刚分离的瞬间，触头之间立刻产生真空电弧，真空电弧是依靠触头上蒸发出来的金属蒸气来维持的。由于真空灭弧室动、静触头上加工有螺旋槽，使流经触头的电流感应出与弧柱轴线平行的纵向磁场，电弧粒子在纵向磁场的作用下，迅速地向周围扩散，并在电流过零时快速熄灭。

操作机构的工作原理如下：

（1）电动操作。

1）电动合闸操作。当施加额定操作电压后，在电磁力的作用下，电磁机构的动铁心动作，在压缩合分闸弹簧的同时使负荷开关闭合。开关合闸后，操作机构的行程开关被压下，同时在合闸保持挚子作用下完成机械锁扣，使开关保持在合闸状态。

2）电动分闸操作。在合闸状态下，当接到分闸信号后，分闸线圈的动铁心推动分闸半轴转动，解除机械锁扣，使储存在合分闸弹簧中的能量释放的同时使负荷开关分开，从而实现分闸操作。

（2）手动操作。可通过操作手柄和分闸手柄进行手动操作。手动操作机构采用了曲柄弹簧机构，以保证开关的关合和打开速度与手柄操作速度无关。

1）手动合闸操作。拉动操作手柄右侧，利用曲柄弹簧机构过死点作用完成合闸操作。

2）手动储能操作。合闸完成后，必须将操作手柄左侧拉下使合分闸弹簧储能，为手动分闸操作做好准备，此时在合闸保持挚子作用下完成机械锁扣，使开关保持在合闸状态。

3）手动分闸操作。向下拉动分闸手柄，带动分闸半轴转动，解除机械锁扣，在合、分闸弹簧能量释放的同时完成分闸操作。

（3）电动、手动交替操作。当电动合闸操作完成后，在停电状态下，可用手动分闸操作方式使开关分闸。

当手动合闸操作完成后，必须再完成手动储能操作，使行程开关接通分闸回路后，才能进行电动分闸操作。

2.2 额定参数及意义

2.2.1 SF₆负荷开关

从目前市场上各厂家提供的10kV电力负荷开关来看，由于每个厂家的风格不同，造成设备品种繁多，但是按照国家有关规定，进口或引进设备的技术指标必须符合和达到国家标准才可进入市场，因此各厂家主要技术参数相差无几，大致相同，只是柜体外形尺寸和结构型式不相同，配套元器件的选择因厂家的设计有所区别，造成10kV负荷开关的操作方式、分合指示、相位核对方法等有些差别。主要技术参数见表2-1。

表 2-1 SF₆ 负 荷 开 关 参 数

产品型号		LFG-12EHA	LFG-12ERA	LFG-12ERA-C	LFG-12ERA-A
额定电压/kV		12			
额定电流/A		630			
额定频率/Hz		50			
额定短时耐受电流/kA		16/20			
额定短路持续时间/s		3			
额定短路关合电流/kA		40/50			
额定开断电流/A		630			
额定工频耐受电压/kV	相间、对地	42			
	断口	48			
额定雷电冲击耐受电压/kV	相间、对地	75			
	断口	85			
额定负荷电流开断次数/次		1000			
污秽等级/级		Ⅳ			
SF₆ 气体额定压力（表压）/MPa		0.22			
开关闭锁压力/MPa		0.08~0.12			
防爆装置动作压力/MPa		0.6~0.8			
操作方式		手动	电动		
电动操作电压/V		—	DC 24		
空载操作次数/次		6000	20000		
重量/kg		77	105	110	120

这些数据对于满足 10kV 电力客户的正常供电需求和安全运行是至关重要的。大致可归纳为以下几个方面：①额定电压、额定电流和额定频率，以及有功负载的开断电流能够与我国制造和使用中的其他电器设备相配套；②电力负荷开关相间及相对地耐压水平，以及断口之间的耐压水平符合国家标准，达到安全运行水平的要求；③电力负荷开关的动、热稳定电流是否可以满足电力系统目前穿越电流的最大值及稳定要求；④电力负荷开关连接变压器单元的设备，与熔断器熔断时间的功能配合，是否可以与电力系统出线继电保护整定相适应；⑤由于 10kV 负荷开关断口封闭在 SF₆ 气箱内运行，可以把几个单元断口装设在同一个气箱内，10kV 母线也是封闭组成的，相应减少了故障的概率，满足了分界小室电缆进线与出线清晰划界、延伸、安全供电的功能。

2.2.2 真空负荷开关

FZW28-12 型户外真空负荷开关适用于柱上安装的场合，具有手动和电动操作功能。开关本体引进日本东芝的 VSP5-12 型产品。本开关为免维护负荷开关，采用真空灭弧和 SF₆ 气体作对地及相间绝缘介质。

FZW28-12 型真空负荷开关配备控制装置后具备线路分段、故障检测隔离和通信功能，安装于 10kV 架空线路上，可实现自动隔离相间短路故障。安装点适用于 10kV 配电线路主干线分段。

使用条件如下：

（1）周围空气温度：-40～+40℃。

（2）相对湿度：日平均不大于 95%，月平均不大于 90%。

（3）海拔高度：不超过 1000m。

（4）防污等级：Ⅳ级。

（5）覆冰厚度：不超过 10mm。

（6）风速：不超过 34m/s。

（7）地震烈度：不超过 Ⅷ度。

（8）使用场所：户外柱上安装。

FZW28 主要技术参数见表 2-2。

表 2-2　　　　　　　　　　　FZW28 主要技术参数

序号	项目名称		单位	参数值
1	额定电压		kV	12
2	额定频率		Hz	50
3	额定电流		A	630
4	额定短时工频耐受电压（1min，有效值）	干试（极间、对地/断口）	kV	42/48
		湿试（极间、对地）		34
5	额定雷电冲击耐受电压（峰值）（极间、对地/断口）		kV	75/85
6	额定短时耐受电流		kA	20
7	额定短路持续时间		s	4
8	额定峰值耐受电流		kA	50
9	额定短路关合电流（峰值）		kA	50
10	机械寿命		次	10000
11	主回路电阻		μΩ	≤520
12	SF_6 气体额定压力（20℃时表压）		MPa	0.01
13	SF_6 气体年漏气率		%/年	≤0.1
14	开关质量		kg	185

2.3　安装、验收及标准规范

2.3.1　危险点分析与控制措施

（1）为防止误登杆塔，作业人员在登杆前应核对停电线路的双重称号，与工作票一致后方可工作。

（2）登杆塔前要对杆塔进行检查，内容包括杆塔是否有裂纹，杆塔埋设深度是否达到要求；同时要对登高工具进行检查，看其是否在试验期限内；登杆前要对脚扣和安全带做冲击试验。

（3）为防止高空坠落物体打击，作业现场人员必须戴好安全帽，严禁在作业点正下方逗留。

（4）杆上作业时，上下传递工器具、材料等必须使用传递绳，严禁抛扔。传递绳索与横担之间的绳结应系好以防脱落，金具可以放在工具袋内进行传递，防止高空坠物。

（5）高空作业时不得失去监护。

（6）为防止作业人员高空坠落，杆塔上工作的作业人员必须正确使用安全带、保险绳两道保护。在杆塔上作业时，安全带应系在牢固的构件上，高空作业工作中不得失去双重保护，上、下杆过程及转向移位时不得失去一重保护。

（7）为防止负荷开关在起吊过程中脱落，吊装前，应对钢丝绳套进行外观检查，应无断股、烧伤、挤压伤等明显缺陷，其强度满足设备荷重要求。

（8）起吊过程中，应统一信号，设专人指挥，吊臂下严禁有人逗留，防止在吊放过程中挤伤及坠落伤人。

（9）负荷开关接线柱需用临时罩壳遮住，以防外物损坏负荷开关绝缘子。

2.3.2 作业前准备

1. 现场勘查

工作负责人接到任务后，应组织有关人员到现场勘查，应查看接受的任务是否与现场相符，作业现场的条件、环境，所需各种工器具、材料及危险点等。

2. 工器具和材料准备。

（1）负荷开关安装所需工器具见表 2-3。

表 2-3　　　　　　　　　　负荷开关安装所需工器具

序号	名称	规格	单位	数量	备注
1	验电器	10kV	支	1	
2	验电器	0.4kV	支	1	
3	接地线	10kV	组	2	
4	接地线	0.4kV	组	2	
5	个人保险绳	不小于 16mm^2	组	2	
6	绝缘手套	10kV	副	1	
7	带绳	10m	条	2	
8	安全带		条	2	
9	脚扣		副	2	
10	绝缘电阻表	2500V	块	1	
11	个人工具		套	4	

序号	名称	规格	单位	数量	备注
12	钢锯弓子		把	1	
13	警告牌、安全围栏		套	若干	
14	钢卷尺	3m	个	1	
15	挂钩滑轮	0.5t	个	2	
16	传递绳	15m	条	2	
17	钢丝绳套		条	3	
18	手锤		把	1	
19	断线钳	1号	把	1	
20	吊车	8t	辆	1	
21	（白棕绳）滑车组	12m	套	1	

注 所有工器具检查良好。

（2）负荷开关安装所需材料见表 2-4。

表 2-4 负荷开关安装所需材料

序号	名称	规格	单位	数量	备注
1	负荷开关	根据计划准备	台	1	
2	松动剂		瓶	1	
3	钢锯条		条	10	
4	棉纱		kg	0.5	
5	铜铝过渡端子	$185mm^2$	个	6	
6	绝缘自粘带		盘	1	
7	绝缘线	$JKLYJ-10-185mm^2$	m	15	
8	线夹	$185mm^2$	个	6	

（3）负荷开关安装前检查：

1）检查新负荷开关出厂安装说明书、合格证、技术资料、试验报告齐全有效。

2）对新负荷开关进行外观检查，确认型号无误。检查套管表面无硬伤、裂纹，导电杆应完好，清除表面灰垢、附着物及不应有的涂料。

3）各部位连接螺栓牢固，外壳无机械损伤和锈蚀，油漆完好。

4）分、合闸操作机构灵活可靠，分、合闸指示正确。

5）负荷开关铭牌所列内容清楚、齐全。

6）直流电阻的测量。用电桥测量断路器三相回路直流电阻，均应不大于 $50\mu\Omega$。

7）绝缘电阻的测量。用 2500V 绝缘电阻表分别测量负荷开关三相对地及相间绝缘电阻，并应不小于 2500MΩ。

8）交流耐压试验。分别进行负荷开关合闸和分闸时的耐压试验。合闸时，开关相间、相对地间的耐压不小于 42kV/min；分闸时，断口耐压不小于 38kV/min。

（4）作业条件。负荷开关安装工作系室外电杆上进行的项目，要求天气良好，无雷雨，风力不超过 6 级。

2.3.3　操作步骤及质量标准

1. 安装新负荷开关

（1）起吊新负荷开关并就位。吊车司机在工作负责人的指挥下操作吊车，将钢丝绳下套分别套入负荷开关吊点上。起吊时，当钢丝绳全部吃力后应停止起吊，检查各吊点无异常后，再缓慢吊起负荷开关并放置在台架上。

（2）缓慢调整负荷开关到合适位置，并用螺栓将断路器固定牢固。

（3）连接负荷开关引线及外壳接地线。铜铝接线应有可靠的过渡措施。

（4）安装负荷开关连接端子绝缘防护罩。

2. 验收质量标准

（1）柱上负荷开关应安装牢固可靠，水平倾斜不大于托架长度的 1%。

（2）进行分、合闸机械操作检查，动作应正确、灵活，分、合闸指示应正确可靠。

（3）三相引线连接可靠，排列规范整齐，相间距离不小于 300mm。

（4）负荷开关本体接地可靠，接地电阻不大于 10Ω。

3. 清理现场

作业结束后，工作负责人依据施工验收规范对施工工艺、质量进行自查验收。合格后，清理施工现场，整理工器具、材料，办理工作终结手续。

4. 注意事项

（1）安装负荷开关引线前，应合上负荷开关，以防在连接引线时负荷开关导电杆转动。

（2）负荷开关引线连接后，不应使负荷开关连接端子受力。

2.4　操　　作

1. 操作票的填写

倒闸操作应使用倒闸操作票。倒闸操作人员应根据值班调度员（工区值班员）的操作指令（口头、电话或传真、电子邮件）填写或打印倒闸操作票。操作指令应清楚明确，受令人应将指令内容向发令人复诵，核对无误。发令人发布指令全过程（包括对方复诵指令）和听取指令的报告时，都应录音并做好记录。

2. 一般要求

操作柱上负荷开关应至少两人进行，应使用与线路额定电压相符并经试验合格的绝缘棒，操作人员应戴绝缘手套。雨天操作时，为满足绝缘要求，应使用带有防雨罩的绝缘棒。登杆前，应根据操作票上的操作任务，核对线路名称、设备名称。

电气设备操作后的位置检查应以设备实际位置为准，无法看到实际位置时，可通过设备机械指示位置、电气指示、仪表及各种遥测、遥信信号的变化，且至少应有两个及以上的指示同时发生对应变化，才能确认该设备已操作到位。

倒闸操作应由两人进行，一人操作，一人监护，并认真执行唱票、复诵制。发布指令和复诵指令都要严肃认真，使用规范术语，准确清晰，按操作顺序逐项操作，每操作完一项，应在检查无误后，在操作票的对应栏内做一个"√"记号，操作中发生疑问时，不准擅自更改操作票，应向操作发令人询问清楚无误后再进行操作。操作完毕后，受令人应立即汇报发令人。

3. 停电操作顺序

（1）一侧装有隔离开关的负荷开关的操作，应先拉开负荷开关，确认负荷开关在断开位置后，再拉开隔离开关，确认隔离开关在断开位置后及时挂设"禁止合闸，线路有人工作"警告牌。

（2）双侧装有隔离开关的负荷开关的操作，应先拉开负荷开关，确认负荷开关在断开位置后，再拉开负荷侧隔离开关，确认隔离开关在断开位置，再拉开电源侧隔离开关，确认隔离开关在断开位置后及时挂设"禁止合闸，线路有人工作"警告牌。

4. 送电操作顺序

先合上隔离开关（双侧装有隔离开关时先合电源侧，后合负荷侧），确认隔离开关在合闸位置后，再合上负荷开关，确认负荷开关在合闸位置。

5. 危险点预控及安全注意事项

（1）触电伤害。

1）操作机械传动的负荷开关或隔离开关时应戴绝缘手套。没有机械传动的负荷开关、隔离开关，应使用合格的绝缘棒进行操作。雨天操作应使用有防雨罩的绝缘棒，并戴绝缘手套。

2）雷雨时，严禁进行负荷开关的倒闸操作。

3）登杆操作时，操作人员严禁穿越和碰触低压线路。

4）杆上同时有隔离开关和负荷开关时，应先拉开负荷开关再拉隔离开关，送电时与此相反。

（2）高处坠落伤害。

1）操作时操作人和监护人应戴好安全帽，登杆操作应系好安全带。

2）登杆前检查杆根、登杆工具无问题，冬季应采取防滑措施。

（3）其他伤害。

1）倒闸操作要执行操作票制度（除事故处理），严禁无票操作。

2）倒闸操作应两人进行，一人操作，另一人监护。

3）操作前应认真核对所操作设备名称、编号和实际状态。

4）操作时严格按操作票执行，禁止跳项、漏项。

5）杆上操作负荷开关时，操作人员应站在负荷开关背侧，防止负荷开关爆炸伤人。

2.5 巡视项目要求

负荷开关的巡查项目及要求包括以下各项：

（1）壳体有无渗、漏油和锈蚀现象，开关的命名是否正确，标志是否完好、清晰。

（2）套管有无破损、裂纹、严重脏污和闪络放电的痕迹。

（3）固定是否牢固，引线接点和接地是否可靠，线间或对地距离是否足够。

（4）开关分、合位置指示是否正确、清晰。

（5）控制电缆是否完好，控制箱有无损坏。

（6）操作机构是否灵活，有无锈蚀等现象。

（7）防雷和接地装置是否完好。

（8）SF_6 负荷开关的气体压力、含水量和泄漏率是否符合规定。

2.6　状　态　检　修

柱上负荷开关是电网的主要构成部分，随着新科技、新技术的不断发展，电气设备性能与质量也不断提高，在正常使用年限内已经达到了可以不进行维护的水平，如果依然使用传统模式下的检修管理，就存在一定程度的不契合。因此，将电气设备从定期的检修逐步向状态检修转变已成为当今的趋势。

2.6.1　状态检修实施原则

状态检修应遵循"应修必修，修必修好"的原则，依据设备状态评价的结果，考虑设备风险因素，动态制定设备的检修计划，合理安排状态检修的计划和内容。

柱上负荷开关的状态检修工作内容包括停电、不停电测试和试验以及停电、不停电检修维护工作。

2.6.2　状态评价工作的要求

状态评价实行动态化管理，每次检修和试验后应进行一次状态评价。

2.6.3　检修分类

按照工作性质内容及工作涉及范围，将柱上负荷开关检修工作分为五类，即 A 类检修、B 类检修、C 类检修、D 类检修和 E 类检修，其中 A、B、C 类是停电检修，D 类是不停电检修，E 类是带电检修。

（1）A 类检修。A 类检修是指柱上负荷开关的整体解体检查、维护、更换和试验。

（2）B 类检修。B 类检修是指柱上负荷开关的局部性检修，如操作机构解体检查、维护、更换和试验。

（3）C 类检修。C 类检修是指对柱上负荷开关的常规性检查、维护、试验。

（4）D 类检修。D 类检修是指对柱上负荷开关在不停电状态下的带电测试、外观检查和维修。

（5）E 类检修。E 类检修是指对柱上负荷开关在带电情况下采用绝缘手套作业法、绝缘杆作业法进行的检修、维护。

（6）检修项目。

1）A 类检修：①整体更换；②返厂检修。

2）B 类检修：主要部件更换。

3）C 类检修：①设备清扫、维护、检查、修理等工作；②设备例行试验。

4）D类检修：①带电测试；②维护、保养。

5）E类检修：带电清扫、维护。

3.6.4 状态检修原则

（1）检修原则。柱上负荷开关的注意状态、异常状态、严重状态的配网设备检修原则见表2-5。

表2-5　　　　　　　　　　　柱上负荷开关检修原则

部件	状态量	状态变化因素	注意状态	异常状态	严重状态
套管（支持瓷瓶）	完整	破损	计划安排E类或B类、A类检修	及时安排E类或B类、A类检修	限时安排E类或B类、A类检修
	污秽	外观严重污秽	计划安排E类或C类检修	及时安排E类或C类检修	限时安排E类或C类检修
开关本体	绝缘电阻	开关本体、隔离开关及套管绝缘电阻异常	计划安排B类检修	及时安排B类或A类检修	限时安排B类或A类检修
	主回路直流电阻	主回路电阻阻值超标	计划安排B类检修	及时安排B类或A类检修	—
	接头（触头）温度	导电连接点温度、相对温差异常	计划安排E类或C类检修	及时安排E类或C类检修	限时安排E类或C类、A类检修
	开关动作次数	累计开断次数达允许值	计划安排C类或A类检修	及时安排C类或A类检修	限时安排C类或A类检修
	锈蚀	严重锈蚀	（1）加强巡视。（2）计划安排E类或A类检修更换	及时安排E类或A类检修更换	—
负荷开关	接头（触头）温度	导电连接点温度、相对温差异常	计划安排E类或C类检修	及时安排E类或C类检修	限时安排E类或C类、A类检修
	卡涩程度	操作卡涩	—	及时安排E类或C类检修	—
	外观完整	破损	计划安排E类或B类、A类检修	及时安排E类或B类、A类检修	限时安排E类或B类、A类检修
	污秽	外观严重污秽	计划安排E类或C类检修	及时安排E类或C类检修	限时安排E类或C类、A类检修
	锈蚀	严重锈蚀	（1）加强巡视。（2）计划安排E类或B类、A类检修	及时安排E类或B类、A类检修	—

部件	状态量	状态变化因素	注意状态	异常状态	严重状态
操作机构	正确性	连续操作 3 次指示和实际不一致	计划安排 E 类或 C 类检修	及时安排 E 类或 C 类、A 类检修	限时安排 E 类检修或 C 类、A 类检修
	卡涩程度	操作卡涩	—	及时安排 E 类或 C 类检修	—
	锈蚀	严重锈蚀	(1) 加强巡视。(2) 计划安排 E 类或 B 类、A 类检修	及时安排 E 类或 B 类、A 类检修	—
接地	接地引下线外观	接地体连接不良，埋深不足	计划安排 D 类检修	及时安排 D 类检修	限时安排 D 类检修
	接地电阻	接地电阻异常	—	及时安排 D 类检修	
标识	标识齐全	设备标识和警示标识不全，模糊、错误	计划安排 D 类检修	(1) 立即挂设临时标识牌。(2) 及时安排 D 类检修	—
电压互感器	绝缘电阻	绝缘电阻异常	—	—	限时安排 E 类检修或 C 类、A 类检修
	外观完整	破损	计划安排 E 类或 C 类检修	及时安排 E 类或 C 类检修	限时安排 E 类检修或 C 类、A 类检修

（2）正常状态设备。正常状态设备的 C 类检修原则上特别重要设备 6 年一次，重要设备 10 年一次。满足《配网设备状态检修试验规程》（Q/GDW 643—2011）4.5.1 条中延长试验时间条件的设备可推迟 1 个年度进行检修。

（3）注意状态设备。注意状态设备的 C 类检修应按基准周期适当提前安排。

（4）异常状态设备。异常状态设备的停电检修应按具体情况及时安排。

（5）严重状态设备。严重状态设备的停电检修应按具体情况限时安排，必要时立即安排。

2.7　C 类检修标准化作业

C 类检修是一种标准化检修，是以公司系统统一规范的检修作业流程及工艺要求为准则而开展的一种检修模式。其目的是通过对作业流程及工艺要求的严格执行，更好地开展检修工作，确保检修工艺和设备的投运质量，使得检修作业专业化。C 类检修项目与小修比较接近，但 C 类检修更重视作业流程的规范性。在目前的检修形势下，采取定期检修与状态检修相结合的检修模式，而定期检修通常采用 C 类检修。

2.7.1　检修前准备

（1）检修前的状态评估。

（2）检修前的红外线测温和现场摸底。

（3）危险点分析及预控措施。

1）上杆着装要规范，穿绝缘鞋，戴好安全帽，杆上作业不得打手机。上杆前先查登高工具或杆塔脚钉是否牢固，无问题后方可攀登，不使用未做试验、不合格的工器具。

2）安全带必须系在牢固构件上，防止安全带被锋利物割伤，转位时不得失去安全带的保护，安全带应足够长，防止留头太短松脱，攀爬导线时必须系上小吊绳或防坠落装置，风力大于 5 级不宜作业，并设专人监护。

3）检修地段两侧必须有可靠接地，邻近、交跨有带电线路应正确使用个人保险绳，做好防止触电危险的安全措施。

4）试验时，人员与开关设备应保持足够的安全距离。试验应在天气良好的情况下进行，遇雷雨大风等天气应停止试验，禁止在雨天和湿度大于 80% 时进行试验，保持设备绝缘清洁。

2.7.2　柱上负荷开关 C 类试验项目和标准

1. 测试绝缘电阻

（1）试验方法。将柱上负荷开关两侧搭头线拆除，负荷开关分闸。一次采用 2500V 兆欧表，二次采用 1000V 兆欧表测量绝缘电阻。

（2）标准要求。开关本体、隔离开关及套管绝缘电阻，绝缘电阻不低于 300MΩ；电压互感器绝缘电阻，一次绝缘电阻不低于 1000MΩ，二次绝缘电阻不低于 10MΩ。

2. 测试导电回路电阻

（1）试验方法。将负荷开关合闸，将导电回路测试仪试验线接至负荷开关一次接线端上，电压线接在内侧，电流线接外侧。如采用直流压降法测量，则电流应不小于 100A。

（2）标准要求。导电回路电阻值应符合制造厂的规定，运行中负荷开关的回路电阻不大于交接试验值的 1.2 倍。

2.7.3　柱上负荷开关 C 类检修电气试验数据状态评价

（1）柱上负荷开关状态评价以台为单元，包括套管、开关本体、负荷开关、操作机构、接地、标识及电压互感器等部件。各部件的范围划分见表 2-6。

表 2-6　　　　　　　　　　柱上负荷开关各部件的范围划分

部　件	评　价　范　围
套管 P_1	本体出线套管、外部连接
开关本体 P_2	开关本体
负荷开关 P_3	负荷开关
操作机构 P_4	操作机构指示、连杆及拉环
接地 P_5	接地引下线、接地体外观及接地电阻
标识 P_6	各类设备标识、警示标识
电压互感器 P_7	电压互感器

（2）柱上负荷开关的评价内容分为：绝缘性能、直流电阻、温度、机械特性、外观和接地电阻，具体评价内容详见表2-7。

表2-7 柱上负荷开关各部件的评价内容

部件	绝缘性能	直流电阻	温度	机械特性	外观	接地电阻
套管 P_1					√	
开关本体 P_2	√	√	√	√	√	
负荷开关 P_3		√	√	√	√	
操作机构 P_4				√	√	
接地 P_5					√	√
标识 P_6					√	
电压互感器 P_7	√				√	

（3）各评价内容包含的状态量见表2-8。

表2-8 柱上负荷开关评价内容包含的状态量

评价内容	状　态　量
绝缘性能	绝缘电阻
直流电阻	主回路直流电阻
温度	接头（触头）温度
机械特性	动作次数、正确性、卡涩程度
外观	完整、污秽、锈蚀、接地引下线外观、标识齐全、电压互感器外观
接地电阻	接地体的接地电阻

（4）柱上负荷开关的状态量以巡检、例行试验、诊断性试验、家族缺陷、运行信息等方式获取。

（5）柱上负荷开关状态评价以量化的方式进行，各部件起评分为100分，各部件的最大扣分值为100分。各部件得分权重详见表2-9。

表2-9 柱上负荷开关各部件权重

部件	套管	开关本体	隔离开关	操作机构	接地	标识	电压互感器
部件代号	P_1	P_2	P_3	P_4	P_5	P_6	P_7
权重代号 K_P	K_1	K_2	K_3	K_4	K_5	K_6	K_7
权重	0.2	0.2	0.2	0.2	0.05	0.05	0.1

1）状态量。

负荷开关状态评价以量化的方式进行。各部件分别设起评分100分，其主要状态量扣分总和不超过 80 分，辅助状态量扣分总和不超过 20 分，根据部件得分及其评价权重计算整体得分。各状态量最大扣分值见表 2－10。

表 2－10 柱上负荷开关的状态量和最大扣分值

序号	状态量	部件代号	状态量分类	最大扣分值
1	外观完整	P₁/P₃/P₇	主状态量	40
2	污秽	P₁/P₃	主状态量	40
3	绝缘电阻	P₂/P₇	主状态量	40
4	主回路直流电阻	P₂	主状态量	40
5	接头（触头）温度	P₂/P₃	主状态量	40
6	动作次数	P₂	主状态量	20
7	锈蚀	P₂/P₄/P₅	主状态量	30
8	正确性	P₄	主状态量	40
9	卡涩程度	P₃/P₄	主状态量	30
10	接地电阻	P₅	主状态量	30
11	接地引下线外观	P₅	辅助状态量	40
12	标识齐全	P₆	辅助状态量	30

2）评价状态。

某一部件的最后得分 $M_{P(P=1\sim7)} = m_{P(P=1\sim7)} \times K_F \times K_T$。

某一部件的基础得分 $m_{P(P=1\sim7)} = 100 -$ 相应部件状态量中的最大扣分值。对存在家族缺陷的部件，取家族缺陷系数 $K_F = 0.95$，无家族缺陷的部件 $K_F = 1$。寿命系数 $K_T =$ （100－设备运行年数×0.5）/100。

各部件的评价结果按量化分值的大小分为"正常状态""注意状态""异常状态"和"严重状态"四个状态。分值与状态的关系见表 2－11。

表 2－11 柱上负荷开关部件评价分值与状态的关系

部件	85～100分	75～85（含）分	60～75（含）分	60（含）分以下
套管	正常状态	注意状态	异常状态	严重状态
开关本体	正常状态	注意状态	异常状态	严重状态
隔离开关	正常状态	注意状态	异常状态	严重状态
操作机构	正常状态	注意状态	异常状态	严重状态
接地	正常状态	注意状态	异常状态	严重状态
标识	正常状态	注意状态	异常状态	
电压互感器	正常状态	注意状态	异常状态	严重状态

当所有部件的得分在正常状态时，该柱上负荷开关的状态为正常状态，最后得分＝$\sum \left[K_P \times M_{P(P=1\sim7)} \right]$；一个及以上部件得分在正常状态以下时，该柱上负荷开关的状态为严重状态，最后得分＝$\min \left[M_{P(P=1\sim7)} \right]$。

3) 处理原则。

状态评价结果为"正常状态"设备，执行 D 类检修，对"注意状态""异常状态"设备，按《配网设备状态检修导则》（Q/GDW 644 —2011）的要求进行状态评价处理。

2.8 反事故技术措施要求

反事故技术措施是在总结了长期以来电网运行管理，特别是安全生产管理方面经验教训的基础上，针对影响电网安全生产的重点环节和因素，根据各项电网运行管理规程和近年来在电网建设、运行中的经验，集中提炼出能指导当前电网安全生产的一系列防范措施。有助于各单位按照统一的安全标准，建设和管理好电网，提升电力系统安全稳定性。

2.8.1 负荷开关设备反事故技术措施

（1）负荷开关应选用符合国家电网公司《关于高压负荷开关订货的有关规定（试行）》完善化技术要求的产品。应对不符合要求的进行完善化改造。

（2）设备的交接试验必须严格执行国家和电力行业有关标准，不符合交接验收标准的设备不得投运。

（3）新装及检修后的负荷开关必须严格按照《电气装置安装工程　电气设备交接试验标准》（GB 50150—2016）、《电力设备预防性试验规程》（DL/T 596—1996）、产品技术条件及有关检修工艺的要求检修试验与检查，不合格不得投运。

（4）对于久未停电检修的负荷开关应积极申请停电检修或开展带电检修，防止和减少恶性事故的发生。

（5）结合电力设备预防性试验应加强对负荷开关转动部件、接触部件操作机构、机械及电气闭锁装置的检查和润滑，并进行操作试验，防止机械卡涩、触头过热、绝缘断裂等事故的发生，确保负荷开关的可靠运行。

（6）认真对负荷开关的各连接拐臂、联板、轴、销进行检查，如发现弯曲、变形或断裂，应找出原因，更换零件并采取预防措施。

（7）在运行巡视时，应注意负荷开关支柱绝缘子有无裂纹，夜间巡视时应注意瓷件有无异常电晕现象。

（8）定期检查负荷开关的铜铝过渡接头。

（9）与负荷开关相连的导线驰度应调整适当，避免产生太大的拉力。

（10）在负荷开关倒闸操作过程中，应严格监视负荷开关动作情况，如发生卡涩应停止操作并进行处理，严禁强行操作。

（11）加强对操作机构、辅助开关的维护检查。防止因触点腐蚀、松动、触点转换不灵活、切换不可靠等影响设备正常运行。

（12）定期用红外测温设备检查负荷开关设备的接头、导电部分，特别是在重负荷或高温期间，加强对运行设备温升的监视，发现问题应及时采取措施。

2.8.2 防止电气误操作事故

1. 严格执行操作票制度

（1）倒闸操作必须根据调度员或值长的命令执行，下令要清楚、准确，受令人复诵无误后执行。

（2）下令人应使用专业技术用语和设备名称，在下令前互通姓名，下令内容应录音，并做记录。

（3）受令人复诵无误后，下令给操作人员填写操作票。每份操作票只能填写一个操作任务，并应注明操作顺序号。

（4）操作人员在填写好操作票后，再审核一遍，签名后交监护人审查。监护人审查无误后签名。

（5）操作中应由两人进行，一人操作，另一人监护。操作完一项在其后打"√"，全部操作完毕后，汇报调度员或值长。

（6）就地拉开关、隔离开关时，应戴绝缘手套。拉合隔离开关的瞬间不得观望。雨天进行野外操作时，应使用带有防雨罩的绝缘棒。

（7）已执行的操作票加盖"已执行"印章，否则加盖"作废"章，上述操作票存3个月备查。

2. 加强防误操作管理

（1）切实落实防误操作工作责任制，各单位应设专人负责防误装置的运行、检修、维护、管理工作。防误装置的检修、维护管理应纳入运行、检修规程范畴，与相应主设备统一管理。

（2）加强运行、检修人员的专业培训，严格执行操作票、工作票制度，并使两票制度标准化、管理规范化。

（3）严格执行调度命令。倒闸操作时，不允许改变操作顺序，当操作发生疑问时，应立即停止操作，并报告调度部门，不允许随意修改操作票。

（4）操作人及监护人，在操作现场，必须认真核对操作设备的线路名称、杆号、开关命名。

3. 防止误操作的措施

（1）倒闸操作发令、接令或联系操作，要正确、清楚，并坚持重复命令，有条件的要录音。

（2）操作前要进行"三对照"，操作中坚持"三禁止"，操作后坚持复查，整个操作贯彻"五不干"。

1）"三对照"：①对照操作任务和运行方式，由操作人填写操作票；②对照接线图审查操作票；③对照设备编号无误后再操作。

2）"三禁止"：①禁止操作人和监护人一起动手操作，失去监护；②禁止有疑问盲目操作；③禁止边操作边做其他无关工作（如聊天），分散精力。

3）"五不干"：①操作任务不清不干；②应有操作票而无操作票不干；③操作票不合格不干；④应有监护人而无监护人不干；⑤设备编号不清不干。

4. 加强对运行、检修人员防误操作培训

加强对运行、检修人员的防误操作培训，掌握各类开关的原理、性能、结构和操作程序，能熟练操作和维护。

2.9 常见故障原因分析及处理

SF_6 负荷开关，按灭弧原理可分为灭弧栅式、吸气＋去离子栅式和永磁旋弧式。

负荷开关与断路器外形、参数相似，区别在于负荷开关不配保护 TA、不能开断短路电流，但可以承受短路电流、关合短路电流，具有寿命长、免维护的特点，机械寿命：额定电流开断次数 10000 次以上，适合于频繁操作。

2.9.1 原因分析

柱上负荷开关的缺陷根据结构特点大体存在本体和操作机构缺陷两类。

1. 本体缺陷

（1）瓷件上部分破碎和损落及本体绝缘故障。

（2）分合指示标志脱落。

（3）SF_6 负荷开关气体压力表不在正常范围。

（4）真空开关的真空度降低。

2. 操作机构的缺陷

（1）负荷开关机构卡涩。

（2）储能弹簧未储能。

（3）电池能量不足。

（4）合闸熔断器未合、熔断或接触不良。

（5）分合指示、通断状况不正确。

2.9.2 柱上负荷开关常见缺陷的处理

目前，随着油负荷开关的淘汰，配网中常用的负荷开关基本上有真空负荷开关、SF_6 负荷开关及柱上产气式负荷开关三大类，上述三大类缺陷及其处理方法、工艺要求与柱上断路器基本相同，区别在于断路器多了控制、保护装置，但故障缺陷查找及处理方法基本相同，在此不多赘述。

柱上负荷开关缺陷处理中的危险点分析及预控。

（1）在检查处理操作机构时要注意防止机械部分或释放弹簧压力防止伤及人手。

（2）在检查处理操作机构的电气回路时要注意防止低压触电及低压回路短路，尽量做到停电检查。

（3）柱上负荷开关停电检修时，要在周围装设标准围栏，另外要防止高空落物伤人，高空作业时一定要系好安全带，后备保护绳要挂在牢固的构件上。

（4）SF_6负荷开关、真空负荷开关在本体遇到重大缺陷时，最好要在设备生产厂家的技术人员指导下及参照说明书进行处理，但补气处理工作可以参照标准化作业指导书，由运行维护单位自行来实施。

第3章 柱上断路器

断路器是一种能够关合、承载和开断正常回路条件下的电流,并能关合在规定的时间内承载和开断异常回路条件(包括短路条件)下的电流的开关装置。

依据断口绝缘介质的不同,10kV柱上断路器主要分为SF$_6$断路器和真空断路器两种。在20世纪90年代,SF$_6$断路器在我国得到了广泛应用,成为取代油断路器的主导产品。其断口被高强度的SF$_6$气体包围,操作机构有电动和手动两种。开断电流在20kA及以上,短时耐受电流一般可达20kA(4s),年漏气率一般在1‰以下。真空断路器,其断口位于真空泡内,操作机构有电动和手动两种,真空泡外的绝缘介质有SF$_6$或空气。

虽然高压断路器早已气体化,但是在中低压配网中,国内以真空断路器应用居多。本章节结合目前的实际情况,主要介绍SF$_6$断路器和真空断路器。

3.1 基本结构与工作原理

3.1.1 断路器型号及含义

柱上断路器的型号较多,柱上国产断路器一般按此规则命名,合资或外资企业的产品目前大多不遵守此规则。柱上断路器符号及含义如图3-1所示。

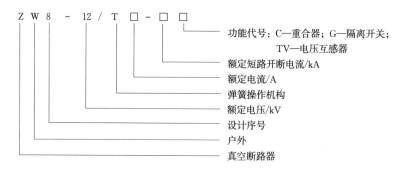

图3-1 柱上断路器符号及含义

真空系列断路器主要有ZW8系列、ZW32系列、ZW20系列等,由于设计序号是由每个厂家自行制定,所有具体型号不尽相同,但结构及性能等基本相同。ZW8系列如图3-2所示,ZW32系列如图3-3所示,ZW20系列如图3-4所示。

根据电流互感器装设位置的不同可分为内置式和外置式两种,根据是否装设隔离开关又分为两种如图3-5~图3-8所示。以国内最常用的ZW32-12型户外柱上真空断路器为例,参考配置图片如图3-9所示。

图 3-2 ZW8 系列断路器

图 3-3 ZW32 系列断路器

图 3-4 ZW20 系列断路器

图 3-5 TA 内置、固封一体式、无隔离断路器

图 3-6 TA 内置、固封一体式、有隔离断路器

图 3-7 TA 外置、固封一体式、无隔离断路器

图 3-8 TA 外置、固封一体式、有隔离断路器

图 3-9 ZW32-12 型户外柱上真空断路器

3.1.2 真空系列结构及特点

真空断路器主要由固封极柱、操作机构、外壳及电流互感器等组成。断路器整体采用三相支柱式布局,结构紧凑,体积小巧,重量轻,断路器整体重量一般不大于80kg,方便进行柱上安装。

真空断路器固封极柱采用户外环氧树脂整体浇注的绝缘结构,将真空灭弧室、主导电回路等结合成一个集成固封极柱,使真空灭弧室与绝缘结构一体化,大大提高了其绝缘性能,从而保护了真空灭弧室的外表面不受周围环境污染,提高了绝缘性能和防污秽、耐酸雨、防凝露的能力,并提高了耐臭氧、抗紫外线、抗老化能力,同时大大提高了机械强度。

操作机构主要采用弹簧机构或永磁结构,其中,弹簧机构又分为电动和手动两种。

断路器壳体一般采用高性能的不锈钢材料制成,并采用全密封结构,有效提高了防潮、防凝露性能,可用于严寒或潮湿地区。

断路器可外带三相联动的隔离开关,在隔离开关分闸状态下有明显可见断口,并具备与断路器本体之间的防误联锁装置,只有在隔离刀完全合闸或完全分闸时才可操作断路器。可连装避雷器支柱绝缘子,实现多元件集成化,维护方便。

断路器的分、合闸操作可采用手动、电动及远方操作,可与控制器配套实现配电自动化,也可与重合器控制器配合组成重合器。

3.1.3 SF₆系列结构及特点

SF₆系列户外柱上断路器为一种全新的柱上开关产品,20世纪90年代在我国高压电网中开始取得大量应用,但在低压配网中应用较少。该类型产品大多从国外引起而来,由于采用SF₆作为灭弧室绝缘介质,因此对壳体密封性提出了较高的要求。又因为中低压开关结构的特殊性,加上气密性产品的生产制造成本较高,因此国内生产厂家极少,应用并不广泛。

SF₆断路器主要由SF₆灭弧室、操作机构、箱体、电流互感器、电压互感器等组成。正常工作室,箱体内部充入一定压力的SF₆气体,开关本体外一般不再装设隔离开关。

首先,较真空断路器相比,SF₆断路器具有更加丰富和优异的功能。机构箱体的防护等级可达IP67以上,体积小巧,内部可装设多种计量、测量及保护元件,比如装设三相电流互感器、三相或六相电压互感器、零序电流互感器及零序电压互感器,配合控制器,用以构成各种各样的保护。当装设零序电流互感器及零序电压互感器时,可构成方向性接地保护,能准确地判断故障区间,缩小停电范围。配备方向性接地保护的断路器常被称为分界开关,但该类保护在真空产品上几乎没有应用,这是SF₆断路器的一大亮点。OFG12-ERA-A型智能分界开关如图3-10所示。

其次,SF₆断路器的检测元件全部内置,体积小,且元件内置时,不需要像真空断路器外置检测元件一样，还要对检测元件单独提供绝缘及爬距，这对减小整个产品体积起到了很大作用。这是 SF$_6$ 断路器的另一亮点。

3.1.4 典型配置

根据构成保护功能的不同，可装设不同的检测元件，如（零序）电流互感器、（零序）电压互感器等。

根据操作方式的不同，可分为电动操作和手动操作两种，其中，手动操作型产品较电动型少了一个机构箱体。

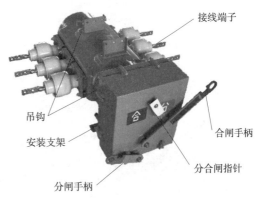

图 3 - 10　OFG12 - ERA - A 型智能分界开关

3.1.5 断路器电流互感器电流比的调整

1. ZW32 系列电流互感器电流比调整

电流比的调整在一侧的接线盒内，接线盒可向上推开，接线盒的背面有详细的说明如图 3 - 11 所示。

A公共端	A 200/5	A 400/5	A 600/5
C公共端	C 200/5	C 400/5	C 600/5
1		⊥	7
2			8
3			9
4			10
5			11
6			12

出厂设定为600/5，要调整电流比，移动连线到相应端子上，如要调整为200/5，移动端子600/5，连线到200/5端子上控制器位于储能手柄边的抽屉内，出厂设定可通过拨码开关调节过流定值5A，（可通过电位器调节）涌流延时500ms，合闸延时200ms速断延时40ms，定值4倍20A 如不要保护，将A、C最大电流比端子直接接到接地上即可

A公共端	A 200/5	A 400/5	A 600/5
C公共端	C 200/5	C 400/5	C 600/5
1			7
2		⊥	8
3			9
4			10
5			11
6			12

A公共端	A 200/5	A 400/5	A 600/5
C公共端	C 200/5	C 400/5	C 600/5
1			7
2			8
3			9
4	⊥		10
5			11
6			12

出厂设定为短接，要调整电流比，移动短接线到A、C公共端上，另一端接在需要的电流比端子上控制器位于储能手柄边的抽屉内，出厂设定可通过拨码开关调节过流定值5A，（可通过电位器调节）涌流延时500ms，合闸延时200ms速断延时40ms，定值4倍20A

图 3 - 11　ZW32 系列接线盒

2. ZW8 系列电流互感器电流比的调整

（1）将隔离打到"分"位，如图 3-12 所示。

（2）拆掉两边的六颗螺钉，如图 3-13 所示。

图 3-12　将隔离打到"分"位

图 3-13　拆掉两边的六颗螺钉

（3）用螺丝刀锹机构盖后侧，抬起一条封，如图 3-14 所示。

（4）斜向前推机构盖，然后抬起取下，如图 3-15 所示。

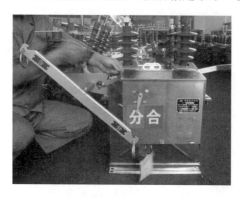

图 3-14　锹机构盖后侧

图 3-15　取下机构盖

（5）接线状态如图 3-16 所示。

（6）调整电流比：移动 FDK-2 和 FDK-5 到需要的端子上，如图 3-17 所示。

图 3-16　接线状态

图 3-17　调整电流比

（7）短接：将最大的电流线与地线短接接地，如图 3-18 所示。

（8）机构盖装回注意事项：将指针拨到"分"位，推上边到位，摇指针是否卡入导槽，如没有，重装一次，安装螺丝，如图 3-19 所示。

图 3-18　短接

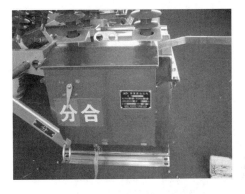

图 3-19　机构盖注意事项

3. 智能型断路器电流比的调整（以一台 CPT-31P 重合闸控制器为例）

控制器配置：液晶屏，蓄电池，就地遥控，远程 GPRS 通信等，如图 3-20 所示。

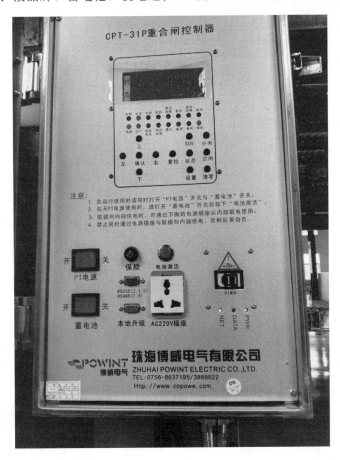

图 3-20　控制器配置

智能型控制器电流比调整相对于手动断路器调整要方便许多。

（1）调整电流比时不需要停电。

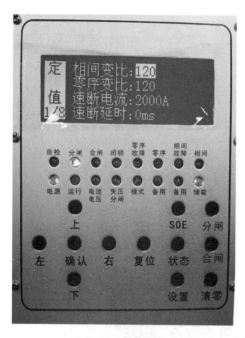

图 3-21 控制器面板

（2）打开控制器面板如图 3-21 所示，断路器状态数据清晰可见。按下"设置"按键，显示屏显示参数设置，根据需要一一设置。

例如一台 ZW32-12F/630 的断路器配上该控制器，互感器电流比抽头有 200/5、400/5、600/5 三个，初始电流比设置是 600/5，一次电流设定在 600A。如需线路电流跳闸设置在 458（任意值）。

电流互感器不需要动任意接线，打开控制器面板，按一下"设置"按键，如图 3-22 所示，相间电流比：120（即 600/5）不用动，按键"上""下"，选择要调节的项目，向下快速翻页可以再按一次"设置"键，定值设置"过流 I 段"：600A（原始设置），按"左""右"键进行参数调整，按"左"键调小到 458A，其他项不需要调整的话，按"确认"键，此次一次电流设定结束。如图 3-23 所示。控制器上所有电流显示均为一次值，方便操作人员操作。

图 3-22 按下"设置"键，开始调整电流比

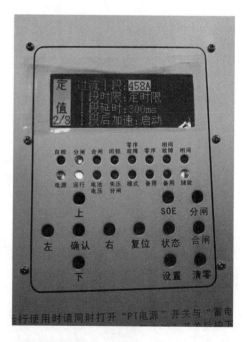

图 3-23 电流比调整结束，按下"确认"键

3.1.6 断路器工作原理

1. 作用

断路器的主要作用有两部分：①正常运行时，断路器与隔离开关、互感器、一次母线、变压器等其他元件一起，构成联通回路，为线路中各种负荷供给电能；②当系统中发生过负荷、失电压、欠电压或短路等异常现象时，由系统中的检测元件（电流互感器或电压互感器等）检测到异常数据，并发送给控制器，控制器将实时采集数据与整定值比较，发现实时数据超出整定值的范围时，给继电器发出跳闸信号，继电器驱动断路器中的储能电机，电机带动操作机构，操作机构通过联动传动装置，将断路器断口内的动、静触头拉开，将线路中的电流切断，避免因系统遭受异常电流或电压等因素造成设备损坏及人身安全。

2. 真空断路器灭弧原理

真空断路器采用真空灭弧室，以真空作为灭弧和绝缘介质，具有优异的熄弧和绝缘能力。当动、静触头在操作机构作用下带电分闸时，在触头间将会产生真空电弧，同时，由于触头的特殊结构，在触头的间隙中也会产生适当的纵向磁场，促使真空电弧保持为扩散型，并使电弧均匀地分布在触头表面燃烧，维持低的电弧电压，在电流自然过零时，残留的离子、电子和金属蒸气在微秒数量级的时间内就可复合或凝聚在触头表面和罩上，灭弧室断口的介质绝缘强度很快被恢复，电弧从而被熄灭达到分断的目的。由于采用纵向磁场控制真空电弧，所以真空断路器具有强劲而稳定的开断电流能力。

3. SF_6 断路器灭弧原理

SF_6 断路器主要采用喷吹式灭弧或旋弧式灭弧两种方式。

喷吹式灭弧属于外力灭弧方式，灭弧室由气缸和活塞部分组成，通过喷嘴喷出的压缩 SF_6 气体来喷吹电弧，从而熄灭电弧。该灭弧方式较为复杂，所需操作功大，且动作可靠性低。

旋弧式灭弧属于自力灭弧方式，通过主回路电流产生磁场来熄灭电弧，消弧力可根据电流的大小来增减，结构简单，操作功较小，且在开断小电流的时候，无开合电涌产生。

3.1.7 操作机构结构及原理

1. 真空断路器用操作机构

（1）结构及分类。真空断路器的操作机构主要有电磁操作机构、弹簧操作机构及永磁操作机构三种类型。

电磁操作机构由一个电磁线圈和铁心，加上分闸弹簧和必要的机械锁扣系统组成，结构简单、零件数少、工作可靠、制造成本低。同时螺管电磁铁的出力特性容易满足真空断路器合闸反力特性的要求。其缺点是合闸线圈消耗的功率太大，因而要求配用昂贵的蓄电池，加上电磁操作机构的结构笨重，动作时间较长。电磁操作机构出现最早，但目前用量趋于减少。

弹簧操作机构由弹簧储存分合闸所需的所有能量，并通过凸轮机构和四连杆机构推动真空灭弧室触头动作。其分合闸速度不受电源电压波动的影响，相当稳定，通过调整弹簧的压力能够获得满足要求的分合闸速度。其缺点是机械零件多（160多个），零件的材质、加工精度和装配精度都直接影响机构的可靠性。弹簧操作机构的出力特性，基本上就是储能弹簧的释能下降特性，为改善匹配，设计中采用四连杆机构和凸轮机构来进行特性改变。目前弹簧操作机构技术已经成熟，因此用量较大。

永磁操作机构是一种全新的操作机构，它利用永磁保持、电子控制、电容器储能。其优势是结构简单、零件数目少，工作时的主要运动部件只有一个，无须机械脱扣、锁扣装置。永磁机构分为两种类型：单稳态永磁机构和双稳态永磁机构。永磁机构尚需经受考验，需解决好电容器的寿命问题、永久磁铁的保持力问题及电子器件的可靠性等问题。目前其用量还不大。

（2）动作原理。由于弹簧操作机构在国内用量最大，下面以其为例，简述其动作原理。

1）合闸及重合闸过程：储能时拉动储能手柄或电机转动，使储能轴旋转并带动挂簧拐臂转动，合闸弹簧被逐渐拉长，使机构储能，当弹簧过中后由合闸掣子保持，使机构处于准备合闸状态。进行合闸操作时，拉动合闸拉环或给合闸线圈施加电压，使合闸半轴逆时针旋转，解除储能保持，合闸弹簧释放能量，促使凸轮旋转并带动输出拐臂和三相主轴，同时分闸弹簧被储能。合闸将完成时，分闸掣子扣住半轴，使断路器处于合闸状态。机构在合闸状态下，当再次操作储能系统时，合闸弹簧又一次被拉长，弹簧过中后仍由合闸掣子保持储能状态。机构在合闸已储能状态下，即处于重合闸准备状态，可实现"分—0.3s—合分"一次重合闸操作。

2）分闸及过电流脱扣过程：断路器合闸后，拉动手动分闸拉环或给分闸线圈施加电压，使分闸半轴逆时针旋转，分闸掣子解扣，断路器分闸。同样，当过电流线圈通过的电流达到5A时，过电流脱扣器动作，使分闸掣子解扣，断路器分闸。

2. SF_6 断路器用操作机构

SF_6 柱上断路器用操作机构几乎全为弹簧机构，可电动或手动操作，其结构和原理与真空柱上断路器基本相同，这里不做赘述。

3.2 额定参数及意义

3.2.1 断路器性能参数

（1）额定电压。额定电压等于断路器所在系统的最高电压，它表示设备用于的电网的系统最高电压的最大值。

（2）额定电流。额定电流在规定的使用和性能条件下，断路器主回路能够连续承载的电流的有效值。

（3）额定绝缘水平。

1）额定工频耐受电压。额定工频耐受电压为在规定的条件和时间下进行试验时，断路器所能耐受的正弦工频电压的有效值。一般来讲，对断路器相间及对地耐压水平的要求一样，而对断口的要求稍高。

2）雷电冲击耐受电压。雷电冲击耐受电压为在规定的试验条件下，断路器所能耐受的标准雷电冲击电压波的峰值。一般来讲，对断路器相间及对地耐压水平的要求一样，而对断口的要求稍高。

（4）额定短路开断电流。额定短路开断电流为在规定的使用和性能条件下，断路器所能开断的最大短路电流。

（5）额定短路关合电流（峰值）。额定短路关合电流（峰值）为具有极间同期性的断路器的额定短路关合电流是与额定电压和额定频率相对应的额定参数。对于额定频率为50Hz且时间常数标准值为45ms，额定短路关合电流等于额定短路开断电流交流分量有效值的2.5倍；对于所有特殊工况的时间常数，额定短路关合电流等于额定短路开断电流交流分量有效值的2.7倍，与断路器的额定频率无关。

（6）额定短时耐受电流。额定短时耐受电流为在规定的使用和性能条件下，在规定的短时间内，断路器在合闸位置能够承载的电流的有效值，其值等于额定短路开断电流。

（7）额定短路持续时间。额定短路持续时间为断路器在合闸位置能够承载额定短路耐受电流的时间。

（8）额定峰值耐受电流。额定峰值耐受电流为在规定的使用和性能条件下，断路器在合闸位置能够承载的额定短路耐受电流第一个大半波的电流峰值，其值等于额定短路关合电流。

（9）额定操作顺序。有以下两种可供选择的额定操作顺序：

1）$O-t-CO-t_1-CO$。

$t=3min$，不用于快速自动重合闸的断路器；

$t=0.3s$，用于快速自动重合闸的断路器（无电流时间）；

$t_1=3min$。

2）$CO-t_2-CO$。

$t_2=15s$，不用于快速自动重合闸的断路器。

（10）额定线路充电开断电流。额定线路充电开断电流是指在规定的使用和性能条件及在其额定电压下所能开断的最大线路充电电流。

（11）额定电缆充电开断电流。额定电缆充电开断电流是指在规定的使用和性能条件及在其额定电压下所能开断的最大电缆充电电流。

（12）机械寿命。机械寿命主要指断路器空载操作循环次数，每次操作包括一次合闸操作和一次分闸操作。目前，国内制造商水平一般为机械寿命达10000次或20000次。

3.2.2 操作机构性能参数

（1）触头超行程。触头超行程为触头完全闭合后，动或静触头所能移动的距离。

（2）触头开距。触头开距为处于分闸位置的开关装置一极的触头间或任何与其相连的导电部件间总的间距。

（3）分闸时间。断路器的分闸时间是按下述脱扣方法并把构成断路器一部分的任何时延装置调整到它的最小整定值来定义的：

1）用任何形式辅助动力脱扣的断路器，分闸时间是指处于合闸位置的断路器，从分闸脱扣器带电时刻到所有各极弧触头分离时刻的时间间隔。

2）对于自脱扣断路器，分闸时间是指处于合闸位置的断路器，从主回路电流达到过电流脱扣器的动作值时刻到所有各极弧触头分离时刻的时间间隔。

（4）合闸时间。合闸时间为处于分闸位置的断路器，从合闸回路带电时刻到所有极的触头都接触时刻的时间间隔。

（5）重合闸时间。重合闸时间为重合闸循环过程中，分闸时间的起始时刻到所有各极触头都接触时刻的时间间隔。

（6）开断时间。开断时间为机械开关装置分闸时间起始时刻到燃弧时间终止时刻的时间间隔。

（7）关合时间。关合时间为处于分闸位置的断路器，从合闸回路带电时刻到第一极中电流出现时刻的时间间隔。

（8）合—分时间。合—分时间为合闸操作中第一极触头接触时刻到随后的分闸操作中所有极弧触头都分离时刻的时间间隔。

（9）关合—开断时间。关合—开断时间为合闸操作时第一极触头出现电流时刻到随后的分闸操作时燃弧时间终止时刻的时间间隔。

3.3 安装、验收及标准规范

随着电网的日益壮大，配电设备上断路器应用得日益增多，电网的稳定可靠取决于其中设备的安全稳定。为保证断路器在今后运行中能安全可靠，规范施工及验收工作十分重要，其目的便是加强安全质量并通过验收及时发现安装过程中的问题，及时整改，保证设备零缺陷投运，杜绝隐患。

3.3.1 危险点分析与控制措施

（1）为防止误登杆塔，作业人员在登杆前应核对停电线路的双重称号，与工作票一致后方可工作。

（2）登杆塔前要对杆塔进行检查，内容包括杆塔是否有裂纹，杆塔埋设深度是否达到要求；同时要对登高工具进行检查，看其是否在试验期限内；登杆前要对脚扣和安全带做冲击试验。

（3）为防止高空坠落物体打击，作业现场人员必须戴好安全帽，严禁在作业点正下方逗留。

（4）杆上作业时，上下传递工器具、材料等必须使用传递绳，严禁抛扔。传递绳索与横担之间的绳结应系好以防脱落，金具可以放在工具袋内进行传递，防止高空坠物。

（5）高空作业时不得失去监护。

（6）为防止作业人员高空坠落，杆塔上工作的作业人员必须正确使用安全带、保险绳两道保护。在杆塔上作业时，安全带应系在牢固的构件上，高空作业工作中不得失去双重保护，上、下杆过程及转向移位时不得失去一重保护。

（7）为防止断路器在起吊过程中脱落，吊装前，应对钢丝绳套进行外观检查，应无断股、烧伤、挤压伤等明显缺陷，其强度满足设备荷重要求。

（8）起吊过程中，应统一信号，设专人指挥，吊臂下严禁有人逗留，防止在吊放过程中挤伤及坠落伤人。

（9）断路器接线柱需用临时罩壳遮住，以防外物损坏断路器绝缘子。

3.3.2 作业前准备

1. 现场勘查

工作负责人接到任务后，应组织有关人员到现场勘查，应查看接受的任务是否与现场相符，作业现场的条件、环境，所需各种工器具、材料及危险点等。

2. 工器具和材料准备

（1）断路器安装所需工器具见表3-1。

表3-1　　　　　　　　　　断路器安装所需工器具

序号	名称	规格	单位	数量	备注
1	验电器	10kV	支	1	
2	验电器	0.4kV	支	1	
3	接地线	10kV	组	2	
4	接地线	0.4kV	组	2	
5	个人保险绳	不小于16mm²	组	2	
6	绝缘手套	10kV	副	1	
7	带绳	10m	条	2	
8	安全带		条	2	
9	脚扣		副	2	
10	绝缘电阻表	2500V	块	1	
11	个人工具		套	4	
12	钢锯弓子		把	1	
13	警告牌、安全围栏		套	若干	
14	钢卷尺	3m	个	1	
15	挂钩滑轮	0.5t	个	2	
16	传递绳	15m	条	2	
17	钢丝绳套		条	3	
18	手锤		把	1	
19	断线钳	1号	把	1	
20	吊车	8t	辆	1	
21	（白棕绳）滑车组	12m	套	1	

注 所有工器具检查良好。

（2）断路器安装所需材料见表 3-2。

表 3-2　　　　　　　　　　　　断路器安装所需材料

序号	名称	规格	单位	数量	备注
1	断路器	根据计划准备	台	1	
2	松动剂		瓶	1	
3	钢锯条		条	10	
4	棉纱		kg	0.5	
5	铜铝过渡端子	185mm²	个	6	
6	绝缘自粘带		盘	1	
7	绝缘线	JKLYJ-10-185mm²	m	15	
8	线夹	185mm²	个	6	

（3）断路器安装前检查。

1）检查新断路器出厂安装说明书、合格证、技术资料、试验报告齐全有效。

2）对新断路器进行外观检查，确认型号无误。检查套管表面无硬伤、裂纹，导电杆应完好，清除表面灰垢、附着物及不应有的涂料。

3）各部位连接螺栓牢固，外壳无机械损伤和锈蚀，油漆完好。

4）分、合闸操作机构灵活可靠，分、合闸指示正确。

5）断路器铭牌所列内容清楚、齐全。

6）检查断路器保护定值无误。

7）直流电阻的测量。用电桥测量断路器三相回路直流电阻，均应不大于 $50\mu\Omega$。

8）绝缘电阻的测量。用 2500V 绝缘电阻表分别测量断路器三相对地及相间绝缘电阻，并应不小于 2500MΩ。

9）交流耐压试验。分别进行断路器合闸和分闸时的耐压试验。合闸时，开关相间、相对地间的耐压不小于 42kV/min；分闸时，断口耐压不小于 38kV/min。

（4）作业条件。断路器安装工作系室外电杆上进行的项目，要求天气良好，无雷雨，风力不超过 6 级。

3.3.3　操作步骤及质量标准

（1）安装新断路器。

1）起吊新断路器并就位。吊车司机在工作负责人的指挥下操作吊车，将钢丝绳下套分别套入断路器吊点上。起吊时，当钢丝绳全部吃力后应停止起吊，检查各吊点无异常后，再缓慢吊起断路器并放置在台架上。

2）缓慢调整断路器到合适位置，并用螺栓将断路器固定牢固。

3）连接断路器引线及外壳接地线。铜铝接线应有可靠的过渡措施。

4）安装断路器连接端子绝缘防护罩。

（2）验收质量标准。

1）柱上断路器应安装牢固可靠，水平倾斜不大于托架长度的1％。

2）进行分、合闸机械操动检查，动作应正确、灵活，分、合闸指示应正确可靠。

3）三相引线连接可靠，排列规范整齐，相间距离不小于300mm。

4）断路器本体接地可靠，接地电阻不大于10Ω。

5）断路器保护定值整定，符合原设计要求。

（3）清理现场。

作业结束后，工作负责人依据施工验收规范对施工工艺、质量进行自查验收。合格后，清理施工现场，整理工器具、材料，办理工作终结手续。

（4）注意事项。

1）安装断路器引线前，应合上断路器，以防在连接引线时断路器导电杆转动。

2）断路器引线连接后，不应使断路器连接端子受力，

3.3.4 柱上断路器安装及验收标准

（1）柱上断路器外表清洁完整，安装牢固可靠，水平倾斜不大于托架长度的1％。

（2）油断路器应无渗油现象，油位正常。

（3）SF_6断路器的气体压力、含水量和泄漏率应符合规定。

（4）真空断路器灭弧室的真空度应符合产品的技术规定。

（5）断路器及其操作机构的联动应正常，分、合闸指示应正确、清晰；辅助开关动作应准确可靠；断路器的动作特性、绝缘性能、回路电阻值应符合产品技术要求。

（6）柱上断路器分闸后应形成明显断开点，其隔离点宜在开关的电源侧。

（7）电气连接可靠，铜、铝搭接，应装设铜铝过渡线夹。

（8）应装设避雷器保护，接地引下线应与设备外壳及支架合并后可靠接地；接地牢固，接地电阻符合规定。

3.4 操 作

3.4.1 操作票的填写

倒闸操作应使用倒闸操作票。倒闸操作人员应根据值班调度员（工区值班员）的操作指令（口头、电话或传真、电子邮件）填写或打印倒闸操作票。操作指令应清楚明确，受令人应将指令内容向发令人复诵，核对无误。发令人发布指令全过程（包括对方复诵指令）和听取指令的报告时，都应录音并做好记录。

3.4.2 一般要求

操作柱上断路器至少应两人进行，应使用与线路额定电压相符，并经试验合格的绝缘棒，操作人员应戴绝缘手套。雨天操作时，为满足绝缘要求，应使用带有防雨罩的绝缘

棒。登杆前，应根据操作票上的操作任务，核对线路双重编号以及线路名称。

电气设备操作后的位置检查应以设备实际位置为准，无法看到实际位置时，可通过设备机械指示位置、电气指示、仪表及各种遥测、遥信信号的变化，且至少应有两个及以上的指示同时发生对应变化，才能确认该设备已操作到位。

倒闸操作应认真执行唱票、复诵制。发布指令和复诵指令都要严肃认真，使用规范术语，准确清晰，按操作顺序逐项操作，每操作完一项，应检查无误后，在操作票的对应栏内做一个"√"记号，操作中发生疑问时，不准擅自更改操作票，应向操作发令人询问清楚无误后再进行操作。操作完毕，受令人应立即汇报发令人。

3.4.3 停电操作顺序

断路器的操作，先拉开断路器，确认断路器在断开位置后，再拉开闸刀，确认闸刀在断开位置后及时挂设"禁止合闸，线路有人工作"的警告牌。

3.4.4 送电操作顺序

先合上闸刀，确认隔离开关在合闸位置后，再合上断路器，确认断路器在合闸位置。

3.4.5 危险点预控及安全注意事项

（1）触电伤害。

1）操作机械传动的断路器及闸刀时应戴绝缘手套。没有机械传动的断路器，应使用合格的绝缘棒进行操作。雨天操作应使用有防雨罩的绝缘棒，并戴绝缘手套。

2）雷雨时，严禁进行断路器的倒闸操作。

3）登杆操作时，操作人员严禁穿越和碰触低压线路。

4）杆上同时有隔离开关和断路器时，应先拉开断路器再拉隔离开关，送电时与此相反。

（2）高处坠落伤害。

1）操作时操作人和监护人应戴好安全帽，登杆操作应系好安全带。

2）登杆前检查杆根、登杆工具无问题，冬季应采取防滑措施。

（3）其他伤害。

1）倒闸操作要执行操作票制度（除事故处理），严禁无票操作。

2）倒闸操作应两人进行，一人操作，另一人监护。

3）操作前应认真核对所操作设备名称、编号和实际状态。

4）操作时严格按操作票执行，禁止跳项、漏项。

5）杆上操作断路器时，操作人员应站在断路器背侧，防止断路器爆炸伤人。

3.5 巡视项目要求

巡视、检查的项目要求如下：

（1）外壳有无渗、漏油和锈蚀现象，油位是否正常。

（2）套管有无破损、裂纹、严重脏污和闪络放电的痕迹。

（3）固定是否牢固，引线接点和接地是否可靠，线间或对地距离是否足够。

（4）开关分、合位置指示是否正确、清晰。

（5）控制电缆是否完好，控制箱有无损坏。

（6）操作机构是否灵活，有无锈蚀等现象。

（7）防雷和接地装置是否完好。

（8）SF_6断路器的气体压力是否符合规定。

3.6　状　态　检　修

柱上断路器是电网的主要构成部分，随着新科技、新技术的不断发展，电气设备的性能与质量也不断提高，在正常使用年限内已经达到了可以不进行维护的水平，如果依然使用传统模式下的检修管理，就存在一定程度的不契合。因此，将电气设备从定期的检修逐步向状态检修转变已成为当今的趋势。

3.6.1　状态检修实施原则

状态检修应遵循"应修必修，修必修好"的原则，依据设备状态评价的结果，考虑设备风险因素，动态制定设备的检修计划，合理安排状态检修的计划和内容。

柱上断路器的状态检修工作内容包括停电、不停电测试和试验以及停电、不停电检修维护工作。

3.6.2　状态评价工作的要求

状态评价实行动态化管理，每次检修和试验后应进行一次状态评价。

3.6.3　检修分类

按照工作性质内容及工作涉及范围，将柱上断路器检修工作分为五类，即A类检修、B类检修、C类检修、D类检修和E类检修，其中A、B、C类是停电检修，D类是不停电检修，E类是带电检修。

（1）A类检修。A类检修是指柱上断路器的整体解体检查、维护、更换和试验。

（2）B类检修。B类检修是指柱上断路器的局部性检修，如操作机构解体检查、维护、更换和试验。

（3）C类检修。C类检修是指对柱上断路器的常规性检查、维护、试验。

（4）D类检修。D类检修是指对柱上断路器在不停电状态下的带电测试、外观检查和维修。

（5）E类检修。E类检修是指对柱上断路器在带电情况下采用绝缘手套作业法、绝缘杆作业法进行的检修、维护。

（6）检修项目。

1）A类检修：①整体更换；②返厂检修。

2）B类检修：主要部件更换。

3）C类检修：①设备清扫、维护、检查、修理等工作；②设备例行试验。

4）D类检修：①带电测试；②维护、保养。

5）E类检修：带电清扫、维护。

3.6.4 状态检修原则

（1）检修原则。柱上断路器注意状态、异常状态、严重状态的配网设备检修原则见表3-3。

表3-3 柱上断路器检修原则

部件	状态量	状态变化因素	注意状态	异常状态	严重状态
套管 （支持 瓷瓶）	完整	破损	计划安排E类或B类、A类检修	及时安排E类或B类、A类检修	限时安排E类或B类、A类检修
	污秽	外观严重污秽	计划安排E类或C类检修	及时安排E类或C类检修	限时安排E类或C类检修
开关 本体	绝缘电阻	开关本体、隔离开关及套管绝缘电阻异常	计划安排B类检修	及时安排B类或A类检修	限时安排B类或A类检修
	主回路直流电阻	主回路电阻阻值超标	计划安排B类检修	及时安排B类或A类检修	—
	接头（触头）温度	导电连接点温度、相对温差异常	计划安排E类或C类检修	及时安排E类或C类检修	限时安排E类或C类、A类检修
	开关动作次数	累计开断次数达允许值	计划安排C类或A类检修	及时安排C类或A类检修	限时安排C类或A类检修
	锈蚀	严重锈蚀	（1）加强巡视。 （2）计划安排E类或A类检修更换	及时安排E类或A类检修更换	—
断路器	接头（触头）温度	导电连接点温度、相对温差异常	计划安排E类或C类检修	及时安排E类或C类检修	限时安排E类或C类、A类检修
	卡涩程度	操作卡涩	—	及时安排E类或C类检修	
	外观完整	破损	计划安排E类或B类、A类检修	及时安排E类或B类、A类检修	限时安排E类或B类、A类检修
	污秽	外观严重污秽	计划安排E类或C类检修	及时安排E类或C类检修	限时安排E类或C类、A类检修
	锈蚀	严重锈蚀	（1）加强巡视。 （2）计划安排E类或B类、A类检修	及时安排E类或B类、A类检修	—

部件	状态量	状态变化因素	注意状态	异常状态	严重状态
操作机构	正确性	连续操作3次指示和实际不一致	计划安排E类或C类检修	及时安排E类或C类、A类检修	限时安排E类检修或C类、A类检修
	卡涩程度	操作卡涩	—	及时安排E类或C类检修	—
	锈蚀	严重锈蚀	(1) 加强巡视。(2) 计划安排E类或B类、A类检修	及时安排E类或B类、A类检修	—
接地	接地引下线外观	接地体连接不良，埋深不足	计划安排D类检修	及时安排D类检修	限时安排D类检修
	接地电阻	接地电阻异常	—	及时安排D类检修	—
标识	标识齐全	设备标识和警示标识不全，模糊、错误	计划安排D类检修	(1) 立即挂设临时标识牌。(2) 及时安排D类检修	—
电压互感器	绝缘电阻	绝缘电阻异常	—	—	限时安排E类检修或C类、A类检修
	外观完整	破损	计划安排E类或C类检修	及时安排E类或C类检修	限时安排E类检修或C类、A类检修

（2）正常状态设备。正常状态设备的C类检修，原则上特别重要设备6年一次，重要设备10年一次。满足《配网设备状态检修试验规程》（Q/GDW 643—2011）4.5.1条中延长试验时间条件的设备可推迟一个年度进行检修。

（3）注意状态设备。注意状态设备的C类检修应按基准周期适当提前安排。

（4）异常状态设备。异常状态设备的停电检修应按具体情况及时安排。

（5）严重状态设备。严重状态设备的停电检修应按具体情况限时安排，必要时立即安排。

3.7 C类检修标准化作业

C类检修是一种标准化检修，是以公司系统统一规范的检修作业流程及工艺要求为准则而开展的一种检修模式。其目的是通过对作业流程及工艺要求的严格执行，更好地开展检修工作，确保检修工艺和设备的投运质量，使检修作业专业化。C类检修项目与小修比较接近，但C类检修更重视作业流程的规范性。在目前的检修形势下，采取定期检修与状态检修相结合的检修模式，而定期检修通常采用C类检修。

3.7.1 检修前准备

（1）检修前的状态评估。

（2）检修前的红外线测温和现场摸底。

（3）危险点分析及预控措施。

1）上杆着装要规范，穿绝缘鞋，戴好安全帽，杆上作业不得打手机。上杆前先查登高工具或杆塔脚钉是否牢固，无问题后方可攀登，不使用未做试验、不合格的工器。

2）安全带必须系在牢固构件上，防止安全带被锋利物割伤，转位时不得失去安全带的保护，安全带应足够长，防止留头太短松脱，攀爬导线时必须系上小吊绳或防坠落装置，风力大于5级不宜作业，并设专人监护。

3）检修地段两侧必须有可靠接地，邻近、交跨有带电线路应正确使用个人保险绳，做好防止触电危险的安全措施。

4）试验时，人员与开关设备应保持足够的安全距离。试验应在天气良好的情况下进行，遇雷雨大风等天气应停止试验，禁止在雨天和湿度大于80％时进行试验，保持设备绝缘清洁。

3.7.2 柱上断路器 C 类试验项目和标准

（1）测试绝缘电阻。

1）试验方法。将柱上断路器两侧搭头线拆除，断路器分闸。一次采用2500V兆欧表，二次采用1000V兆欧表测量绝缘电阻。

2）标准要求。开关本体、隔离闸刀及套管绝缘电阻，绝缘电阻不低于300MΩ；电压互感器绝缘电阻，一次绝缘电阻不低于1000MΩ，二次绝缘电阻不低于10MΩ。

（2）测试导电回路电阻。

1）试验方法。将断路器合闸，将导电回路测试仪试验线接至断路器一次接线端上，电压线接在内侧，电流线接外侧。如采用直流压降法测量，则电流应不小于100A。

2）标准要求。导电回路电阻值应符合制造厂的规定，运行中断路器的回路电阻不大于交接试验值的1.2倍。

3.7.3 柱上断路器 C 类检修电气试验数据状态评价

（1）柱上断路器状态评价以台为单元，包括套管、开关本体、隔离开关、操作机构、接地、标识及电压互感器等部件。各部件的范围划分见表3-4。

表 3-4　　　　　　　　　　柱上断路器各部件的范围划分

部件	评价范围
套管 P_1	本体出线套管、外部连接
开关本体 P_2	真空开关本体
隔离开关 P_3	隔离开关
操作机构 P_4	操作机构指示、连杆及拉环
接地 P_5	接地引下线、接地体外观及接地电阻
标识 P_6	各类设备标识、警示标识
电压互感器 P_7	电压互感器

（2）柱上断路器的评价内容分为：绝缘性能、直流电阻、温度、机械特性、外观和接地电阻，具体评价内容详见表3-5。

表3-5 柱上断路器各部件的评价内容

部件	绝缘性能	直流电阻	温度	机械特性	外观	接地电阻
套管 P_1					√	
开关本体 P_2	√	√	√	√	√	
隔离开关 P_3			√	√	√	
操作机构 P_4				√		
接地 P_5					√	√
标识 P_6					√	
电压互感器 P_7	√				√	

（3）各评价内容包含的状态量见表3-6。

表3-6 柱上断路器评价内容包含的状态量

评价内容	状 态 量
绝缘性能	绝缘电阻
直流电阻	主回路直流电阻
温度	接头（触头）温度
机械特性	动作次数、正确性、卡涩程度
外观	完整、污秽、锈蚀、接地引下线外观、标识齐全、电压互感器外观
接地电阻	接地体的接地电阻

（4）柱上断路器的状态量以巡检、例行试验、诊断性试验、家族缺陷、运行信息等方式获取。

（5）柱上断路器状态评价以量化的方式进行，各部件起评分为100分，各部件的最大扣分值为100分。各部件得分权重详见表3-7。

表3-7 柱上断路器各部件权重

部件	套管	开关本体	隔离开关	操作机构	接地	标识	电压互感器
部件代号	P_1	P_2	P_3	P_4	P_5	P_6	P_7
权重代号 K_P	K_1	K_2	K_3	K_4	K_5	K_6	K_7
权重	0.2	0.2	0.2	0.2	0.05	0.05	0.1

1）状态量。断路器状态评价以量化的方式进行。各部件分别设起评分100分，其主要状态量扣分总和不超过80分，辅助状态量扣分总和不超过20分，根据部件得分及其评价权重计算整体得分。各状态量最大扣分值见表3-8。

表 3-8　　　　　　　　　　　　　柱上断路器的状态量和最大扣分值

序号	状态量	部件代号	状态量分类	最大扣分值
1	外观完整	$P_1/P_3/P_7$	主状态量	40
2	污秽	P_1/P_3	主状态量	40
3	绝缘电阻	P_2/P_7	主状态量	40
4	主回路直流电阻	P_2	主状态量	40
5	接头（触头）温度	P_2/P_3	主状态量	40
6	动作次数	P_2	主状态量	20
7	锈蚀	$P_2/P_4/P_5$	主状态量	30
8	正确性	P_4	主状态量	40
9	卡涩程度	P_3/P_4	主状态量	30
10	接地电阻	P_5	主状态量	30
11	接地引下线外观	P_5	辅助状态量	40
12	标识齐全	P_6	辅助状态量	30

2）评价状态。某一部件的最后得分 $M_{P(P=1,7)} = m_{P(P=1,7)} \times K_F \times K_T$。

某一部件的基础得分 $m_{P(P=1,7)} = 100 -$ 相应部件状态量中的最大扣分值。对存在家族缺陷的部件，取家族缺陷系数 $K_F = 0.95$，无家族缺陷的部件 $K_F = 1$。寿命系数 $K_T = (100 -$ 设备运行年数 $\times 0.5) / 100$。

各部件的评价结果按量化分值的大小分为"正常状态""注意状态""异常状态"和"严重状态"四个状态。分值与状态的关系见表 3-9。

表 3-9　　　　　　　　　　　　柱上断路器部件评价分值与状态的关系

部件	85~100 分	75~85（含）分	60~75（含）分	60（含）分以下
套管	正常状态	注意状态	异常状态	严重状态
开关本体	正常状态	注意状态	异常状态	严重状态
断路器	正常状态	注意状态	异常状态	严重状态
操作机构	正常状态	注意状态	异常状态	严重状态
接地	正常状态	注意状态	异常状态	严重状态
标识	正常状态	注意状态	异常状态	
电压互感器	正常状态	注意状态	异常状态	严重状态

当所有部件的得分在正常状态时，该柱上断路器的状态为正常状态，最后得分 $= \sum [K_P \times M_{P(P=1,7)}]$；一个及以上部件得分在正常状态以下时，该柱上断路器的状态为最差部件的状态，最后得分 $= \min [M_{P(P=1,7)}]$。

3）处理原则。状态评价结果为"正常状态"设备，执行 D 类检修，对"注意状态""异常状态"设备，按《配网设备状态检修导则》（Q/GDW 644—2011）的要求进行处理。

3.8 反事故技术措施要求

反事故技术措施是在总结了长期以来电网运行管理，特别是安全生产管理方面经验教训的基础上，针对影响电网安全生产的重点环节和因素，根据各项电网运行管理规程和近年来在电网建设、运行中的经验，集中提炼出能指导当前电网安全生产的一系列防范措施。有助于各单位按照统一的安全标准，建设和管理好电网，提升电力系统安全稳定性。

3.8.1 断路器设备反事故技术措施

（1）断路器的选用符合国家电网公司《高压开关设备质量监督管理办法》完善化技术要求的产品。应对不符合要求的各种型号开关设备，一律不得选用。

（2）设备的交接试验必须严格执行国家和电力行业有关标准，不符合交接验收标准的设备不得投运。

（3）新装及检修后的断路器必须严格按照《电气装置安装工程　电气设备交接试验标准》（GB 50150—2016）、《电力设备预防性试验规程》（DL/T 596—1996）、产品技术条件及有关检修工艺的要求检修试验与检查，不合格不得投运。

（4）分、合闸速度特性是检修测试断路器的重要质量指标，也是直接影响开断和关合性能的关键技术数据。各种断路器在调试后必须测量分、合速度特性，并应符合技术要求。

（5）结合电力设备预防性试验应加强对断路器转动部件、接触部件、操作机构、机械及电气闭锁装置的检查和润滑，并进行操作试验，防止机械卡涩、触头过热、绝缘断裂等事故的发生，确保隔离开关的可靠运行。

（6）认真对断路器的各连接拐臂、联板、轴、销进行检查，如发现弯曲、变形或断裂，应找出原因，更换零件并采取预防措施。

（7）在运行巡视时，应注意断路器支柱绝缘子有无裂纹，夜间巡视时应注意瓷件有无异常电晕现象。

（8）定期检查断路器的铜铝过渡接头。

（9）与断路器相连的导线驰度应调整适当，避免产生太大的拉力。

（10）在断路器倒闸操作过程中，应严格监视断路器动作情况，如发生卡涩应停止操作并进行处理，严禁强行操作。

（11）加强对操作机构、辅助开关的维护检查。防止因触点腐蚀、松动、触点转换不灵活、切换不可靠等影响设备正常运行。

（12）定期用红外测温设备检查断路器设备的接头、导电部分，特别是在重负荷或高温期间，加强对运行设备温升的监视，发现问题应及时采取措施。

（13）加强对操作机构的维护检查，分、合闸铁芯应动作灵活，无卡涩现象，以防拒分或拒合。长期处于备用状态的断路器应定期进行分、合闸操作检查。

3.8.2 防止电气误操作事故

1. 严格执行操作票制度

（1）倒闸操作必须根据调度员或值长的命令执行，下令要清楚、准确，受令人复诵无误后执行。

（2）下令人应使用专业技术用语和设备双重名称，在下令前互通姓名，下令内容应录音，并做记录。

（3）受令人复诵无误后，下令给操作人员填写操作票。每份操作票只能填写一个操作任务，并应注明操作顺序号。

（4）操作人员在填写好操作票后，再审核一遍，签名后交监护人审查。监护人审查无误后签名。

（5）操作中应由两人进行，一人操作，另一人监护。操作完一项在其后打"√"，全部操作完毕后，汇报调度员或值长。

（6）就地拉开关、隔离开关时，应戴绝缘手套。拉合隔离开关的瞬间不得观望。

（7）已执行的操作票加盖"已执行"印章，否则加盖"作废"章，上述操作票存3个月备查。

2．加强防误操作管理

（1）切实落实防误操作工作责任制，各单位应设专人负责防误装置的运行、检修、维护、管理工作。防误装置的检修、维护管理应纳入运行、检修规程范畴，与相应主设备统一管理。

（2）加强运行、检修人员的专业培训，严格执行操作票、工作票制度，并使两票制度标准化、管理规范化。

（3）严格执行调度命令。倒闸操作时，不允许改变操作顺序，当操作发生疑问时，应立即停止操作，并报告调度部门，不允许随意修改操作票。

（4）操作人及监护人，在操作现场，必须认真核对操作设备的线路名称、杆号、开关命名。

3．防止误操作的措施

（1）倒闸操作发令、接令或联系操作，要正确、清楚，并坚持重复命令，有条件的要录音。

（2）操作前要进行"三对照"，操作中坚持"三禁止"，操作后坚持复查，整个操作贯彻"五不干"。

1）"三对照"：①对照操作任务和运行方式，由操作人填写操作票；②对照接线图审查操作票；③对照设备编号无误后再操作。

2）"三禁止"：①禁止操作人和监护人一起动手操作，失去监护；②禁止有疑问盲目操作；③禁止边操作边做其他无关工作（如聊天），分散精力。

3）"五不干"：①操作任务不清不干；②应有操作票而无操作票不干；③操作票不合格不干；④应有监护人而无监护人不干；⑤设备编号不清不干。

（3）与隔离开关配合使用的，应先拉开断路器，并确认断路器在断开位置，再拉开隔离开关，并确认隔离开关在断开位置，合闸操作顺序相反。必须严格按操作流程进行操作，防止引起短路。

4．加强对运行、检修人员防误操作培训

加强对运行、检修人员防误操作培训，掌握各类开关的原理、结构和操作程序，能熟练操作和维护。

3.9 常见故障原因分析、判断及处理

3.9.1 柱上断路器的常见缺陷

柱上断路器的结构主要由本体、操作机构和附件三部分组成，其常见缺陷根据结构不同可分为本体、操作机构和附件三类缺陷。

（1）本体缺陷。

1）瓷件受损。

2）外壳锈蚀。

3）套管破损、裂纹。

4）分合位置指示不正确。

5）断路器灭弧室断口工频耐压值下降。

6）真空度下降。

7）SF_6 气体泄漏。

8）SF_6 气体压力不正常。

（2）操作机构缺陷。

1）操作机构传输不灵活，分合不到位。

2）操作机构拒合。

3）操作机构拒分。

（3）附件故障。

1）连接部分过热。

2）底座、支架松动。

3）引线接头连接不牢。

4）接地引下线破损、接地电阻不合格。

5）线间和对地距离不足。

6）标志牌掉落。

3.9.2 柱上断路器的几种主要缺陷处理

1. SF_6 断路器气压下降处理

（1）气压下降的原因：①瓷件与法兰胶合处胶合不良；②瓷件的胶垫连接处，胶垫老化或位置未放正；③滑动密封圈损伤，或滑动杆光洁度不够；④管接头处及自封阀处固定不紧或有杂物；⑤压力表，特别是接头处密封垫损伤。

（2）处理方法：①在相同的环境温度下，气压表的指示值在逐步下降，说明断路器漏气，若 SF_6 气压突然降至零，应立即将该断路器改为非自动，断开其控制电源，并与调度及有关部门联系，及时采取措施，断开上一级断路器，以将该故障断路器停用、检修；②如运行中 SF_6 气室漏气，发出补气信号，但红、绿灯未熄灭，表示还未降到闭锁压力值，如果由于系统的原因不能停电时，可在保证安全的情况下（如开起排风扇），用合格

的 SF_6 气体做补气处理。

2. 真空断路器的真空度下降的处理

(1) 真空度降低的原因：①使用材料气密情况不良；②金属波纹管密封质量不良；③在调试过程中行程超过波纹管的范围或超程过大，受冲击力太大造成。

(2) 处理方法：真空断路器是利用真空的高介质强度灭弧。真空度必须保证在 0.0133Pa 以上，才能可靠地运行，若低于此真空度，则不能灭弧。由于现场测量真空度非常困难，因此一般均以检查其承受耐压的情况为鉴别真空度是否下降的依据。正常巡视检查时要注意屏蔽罩的颜色，应无异常变化。特别是要注意断路器分闸时的弧光颜色，真空度正常情况下，弧光呈微蓝色，若真空度降低则变为橙红色。这时应及时更换真空泡灭弧室。

3. 柱上断路器拒合故障缺陷的处理

发生拒合情况，基本上是在合闸操作和重合闸过程中，拒合的原因主要在两个方面：①电气方面故障；②机械方面原因。判断断路器拒合的原因及处理方法一般分为以下三步。

(1) 用控制开关再重新合一次，目的是检查前一次拒合是否因操作不当引起的（如控制开关放手太快）。

(2) 检查电气回路各部位情况，以确定电气回路是否有故障，方法是：①检查合闸控制电源是否正常；②检查合闸控制回路熔丝和熔断器是否良好；③检查合闸接触器的开关是否正常；④将控制开关扳至"合闸时"位置，看合闸铁芯是否动作，若合闸铁芯动作正常，则说明电气回路正常。

(3) 如果电气回路正常，断路器仍不能合闸，则说明为机械方面故障，应停用断路器。

4. 柱上断路器发生"拒跳"的处理

断路器的"拒跳"对系统安全运行的威胁性很大，一旦某一单元发生故障时，断路器拒动，将会造成上一级断路器跳闸，称为越级跳闸。这将扩大事故停电范围，甚至有时会导致系统解列，造成大面积停电的恶性事故。因此，"拒跳"比"拒合"带来的危害性更大，运行维护人员要足够认识和重视，对此类故障缺陷处理方法如下。

(1) 根据事故现象，可判别是否属断路器"拒跳"的事故。拒跳的故障特征为：回路光字牌亮，信号掉牌显示保护动作，但该回路红灯仍亮，上一级的后备保护如主变压器复合电压过流等动作。

(2) 确定断路器故障，应立即手动拉闸。①当尚未判明故障断路器之前，应先拉开电源总断路器；②当上级的后备保护动作造成停电时，若查明有分路保护动作，但断路器未跳闸，应拉开拒动的断路器，恢复上级电源断路器，若查明各分路保护匀未动作，则应检查停电范围内设备有无故障，若无故障应拉开所有分路断路器，合上电源断路器后，逐一试送各分路断路器。当送到某一分路时电源断路器又再跳闸，则可判明该断路器为故障（拒跳）断路器，这时应隔离之，同时恢复其他回路供电；③在检查拒跳断路器除了迅速排除的一般电气故障（如控制电源电压过低或控制回路熔断器接触不良，熔丝熔断等）外，对一时难以处理的电气机械性故障，均应联系调度，做停电检修处理。

（3）对"拒跳"断路器的电气及机械方面故障的分析、判断方法。

1）断路器拒跳故障查找方法。应判断是电气回路故障还是机械方面故障：①检查是否为跳闸电源的电压过低所致；②检查跳闸回路是否完好，如跳闸铁芯动作良好，断路器拒跳，则说明是机械故障；③如果电源良好，铁芯动作无力，铁芯卡涩或线圈故障造成拒跳，往往可能是电气和机械两方面同时存在故障；④如果操作电源正常，操作后铁芯不动，则多半是电气故障引起拒跳。

2）电气方面原因：①控制回路熔断器熔丝熔断或跳闸回路各元件接触不良，如控制开关触点、断路器操作机构辅助触点、防跳继电器和继电器保护跳闸回路等接触不良；②SF$_6$断路器的气体压力低，继电器闭锁操作回路；③跳闸线圈故障。

3）机构方面原因：①跳闸铁芯动作冲劲不足，说明铁芯卡涩或跳闸铁芯脱落；②分闸弹簧失灵、分闸阀卡死、大量漏气等；③触头发生焊接或机械卡涩，传动部分卡涩（如销子脱落）。

4）断路器误跳、误合缺陷故障的处理原则：首先根据误合、误跳前后表计信号（灯光）特征来判明是误跳或误合；其次在电气、机械两个方面查明原因，分别检修处理。

5. 柱上断路器过热的分析、判诊和处理

造成柱上断路器过热的原因有：

（1）过负荷。

（2）触头接触不良，接触电阻超标。

（3）导电杆与设备接线线夹连接松动。

（4）导电回路内各电流过渡部件，紧固件松动或氧化，导致过热。

处理原则：利用红外成像仪进行监测，若发热部位超过85℃以上时，应进行停电检修处理。

3.9.3　柱上断路器常见缺陷处理原则和方法

柱上断路器常见缺陷处理原则和方法见表3-10。

表 3-10　　　　　　　　　　　　柱上断路器常见缺陷处理原则和方法

序号	缺 陷 描 述	缺陷处理原则及方法
1	套管破损、裂纹	发现后及时更换
2	10kV柱上SF$_6$断路器SF$_6$气压不正常	根据压力表或密度继电器检测气体泄漏，SF$_6$充气压力一般为0.04～0.1MPa，用SF$_6$气体作为绝缘和防凝露介质的开关，年漏气率应不大于3%
3	真空断路器真空度下降	真空管内的真空度应保持1×10^{-8}～1.33×10^{-3}Pa范围内 （1）根据观察颜色（真空度降低则变为橙红色）及停电进行耐压试验鉴别是否下降。 （2）真空度下降的原因：主要有材料气密情况不良；波纹管密封质量不良；断路器或开关调试后冲击力过大

序号	缺 陷 描 述	缺陷处理原则及方法
4	断路器拒分、拒合	（1）检查电器回路有无断线、短路等现象。 （2）检查机械回路有无卡塞。 （3）检查辅助开关是否正确转换
5	断路器分、合闸不到位	（1）检查辅助开关转换正确性。 （2）检查分闸或合闸弹簧是否损伤。 （3）检查操作机构中其他连板及构件是否处于正确对应状态
6	断路器干式电流互感器故障	（1）停电后进行常规试验。 （2）进行局部放电测量，在 1.1 倍电压的局部放量应不大于 10pC
7	接地引下线破损、接地电阻不合格	停电后进行修复，对接地电阻不合格者应重新外引接地体
8	断路器或开关支架有脱落现象	应作为紧急缺陷停电处理
9	操作机构不灵活	添加润滑剂
10	柱上断路器引接线接头发热	通过红外线检测实际温度，然后再判断处理

3.9.4 柱上断路器缺陷处理中的危险点分析及预控

（1）在检查处理操作机构时要注意防止机械部分或释放弹簧压力防止伤及人手。

（2）在检查处理操作机构的电气回路时要注意防止低压触电及低压回路短路，尽量做到停电检查。

（3）柱上断路器停电检修时，要在周围装设标准围栏，另外要防止高空落物伤人，高空作业时一定要系好安全带，后备保护绳要挂在牢固的构件上。

（4）SF$_6$ 断路器、真空断路器在本体遇到重大缺陷时，最好要在设备生产厂家的技术人员指导下及参照说明书进行处理，但补气处理工作可以参照标准化作业指导书，由运行维护单位来自行实施。

第4章 柱上隔离开关

柱上隔离开关，一般指的是高压隔离开关，即额定电压在 1kV 及其以上的隔离开关，通常简称为隔离开关，是高压开关电器中使用最多的一种电器，它本身的工作原理及结构比较简单，但是由于使用量大，工作可靠性要求高。隔离开关的主要特点是无灭弧能力，只能在没有负荷电流的情况下分、合电路。隔离开关用于各级电压，用作改变电路连接或使线路或设备与电源隔离，它没有断流能力，只能先用其他设备将线路断开后再操作。一般带有防止开关带负荷时误操作的联锁装置，有时需要销子来防止在大的故障的磁力作用下断开开关。

4.1 基本结构与工作原理

4.1.1 隔离开关的特点

（1）在电气设备检修时，提供一个电气间隔，并且是一个明显可见的断口，用以保障维护人员的安全。

（2）隔离开关不能带负荷操作。不能带额定负荷或大负荷操作，不能分合负荷电流和短路电流。

（3）一般送电操作时。先合隔离开关，后合断路器或负荷开关；断电操作时：先断开断路器或负荷开关再断开隔离开关。

（4）选用时和其他的电气设备相同，其额定电压、额定电流、动稳定电流、热稳定电流等都必须符合使用场所的需要。

4.1.2 隔离开关的种类和型号

（1）隔离开关的分类。隔离开关按极数分为单极与三极。

（2）隔离开关的型号如图 4—1 所示。

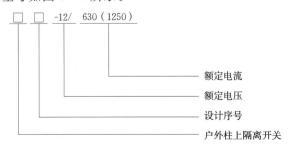

图 4—1 隔离开关型号

4.1.3 对隔离开关的基本要求

（1）具有明显的断口。
（2）应有可靠的绝缘。
（3）具有足够的热稳定、动稳定。
（4）操作性能好。
（5）结构简单、动作可靠。
（6）带接地隔离开关必须装设联锁机构。

4.1.4 隔离开关的基本结构

（1）导电部分。传导电路中的电流，关合和开断电路，包括触头、闸刀、接线座。
（2）绝缘部分。实现带电部分和接地部分的绝缘，包括支持绝缘子和操作绝缘子。
（3）传动机构：接受操作机构的力矩，将运动传动给触头，以完成隔离开关的分、合闸动作。由拐臂、连杆、轴齿和操作绝缘子构成。
（4）支持底座：将导电部分、绝缘子、传动机构、操作机构等固定为一体，并使其固定在基础上，如图4-2所示。

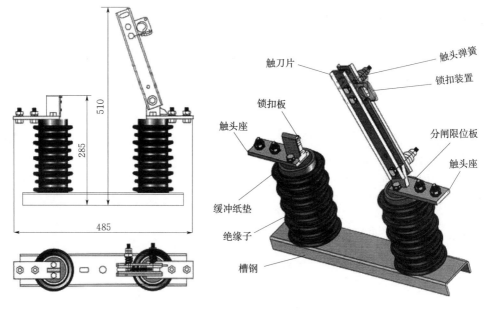

图4-2 支接底座

4.2 额定参数及意义

1. 额定电压

额定电压指隔离开关正常工作时所能承受的线电压。目前，我国电力系统中隔离开关采用的额定电压等级为10kV、35kV、66kV、110kV、220kV、330kV、500kV。

2. 最高工作电压

由于配电线路存在电压损失，电源端的实际电压总是高于额定电压，因此，要求隔离开关能够在高于额定电压的情况下长期工作，在设计制造时就给隔离开关确定了一个最高工作电压。

3. 额定电流

额定电流指隔离开关可以长期通过的最大工作电流。隔离开关长期通过额定电流时，其各部分的发热温度不超过允许值。

4. 额定工频耐受电压

额定工频耐受电压在规定的条件和时间下进行试验时，隔离开关所能耐受的正弦工频电压有效值。一般来讲，对隔离开关相间及对地耐压水平要求一样，而对断口要求稍高。

5. 雷电冲击耐受电压

雷电冲击耐受电压在规定的试验条件下，隔离开关所能耐受的标准雷电冲击电压波的峰值。一般来讲，对隔离开关相间及对地耐压水平要求一样，而对断口要求稍高。

6. 额定短时耐受电流

额定短时耐受电流在规定的使用和性能条件下，在规定的短时间内，隔离开关在合闸位置能够承载的电流的有效值，其值等于额定短路开断电流。

7. 额定短路持续时间

额定短路持续时间隔离开关在合闸位置能够承载额定短时耐受电流的时间。

8. 额定峰值耐受电流

额定峰值耐受电流在规定的使用和性能条件下，隔离开关在合闸位置能够承载的额定短路耐受电流第一个大半波的电流峰值，其值等于额定短路关合电流。

9. 动稳定电流

动稳定电流指隔离开关承受冲击短路电流所产生电动力的能力。是生产厂家在设计制造时确定的，一般以额定电流幅值的倍数表示。

10. 热稳定电流

热稳定电流指隔离开关承受短路电流热效应的能力。是由制造厂家给定的某规定时间（1s或4s）内，使隔离开关各部件的温度不超过短时最高允许温度的最大短路电流，见表4-1。

表 4-1　　　　　　　　　　　某 10kV 隔离开关的技术参数

序号	项目名称		单位	参数值
1	额定电压		kV	12
2	最高工作电压		kV	17.5
3	额定频率		Hz	50
4	额定电流		A	630
5	额定短时工频耐受电压 （1min，有效值）	干试（极间、对地/断口）	kV	42/48
		湿试（极间、对地）		34

序号	项目名称	单位	参数值
6	雷电冲击耐受电压（峰值）（极间、对地/断口）	kV	75/85
7	额定开断电流	kV	—
8	额定短时耐受电流	kA	20
9	额定短路持续时间	s	4
10	额定峰值耐受电流	kA	50
11	机械寿命	次	2000

4.3 安装、验收及标准规范

4.3.1 柱上隔离开关安装的危险点分析与控制措施

（1）为防止误登杆塔，作业人员在登杆前应核对停电线路的双重称号，与工作票一致后方可工作。

（2）登杆塔前要对杆塔进行检查，内容包括杆塔是否有裂纹，杆塔埋设深度是否达到要求；同时要对登高工具进行检查，看其是否在试验期限内；登杆前要对脚扣和安全带做冲击试验。

（3）为防止高空坠落物体打击，作业现场人员必须戴好安全帽，严禁在作业点正下方逗留。

（4）为防止作业人员高空坠落，杆塔上工作的作业人员必须正确使用安全带、保险绳两道保护。在杆塔上作业时，安全带应系在牢固的构件上，高空作业工作中不得失去双重保护，上、下杆过程及转向移位时不得失去一重保护。

（5）高空作业时不得失去监护。

（6）杆上作业时，上、下传递工器具、材料等必须使用传递绳，严禁抛扔。传递绳索与横担之间的绳结应系好以防脱落，金具可以放在工具袋内进行传递，防止高空坠物。

4.3.2 作业前准备

1. 现场勘查

工作负责人接到任务后，应组织有关人员到现场勘查，应查看接受的任务是否与现场相符，作业现场的条件、环境，所需各种工器具、材料及危险点等。

2. 工器具和材料准备

（1）隔离开关安装所需工器具见表4-2。

表 4-2 隔离开关安装所需工器具

序号	名称	规格	单位	数量	备注
1	验电器	10kV	支	1	
2	验电器	0.4kV	支	1	
3	接地线	10kV	组	2	
4	接地线	0.4kV	组	2	
5	个人保险绳	不小于 16mm²	组	2	
6	绝缘手套	10kV	副	1	
7	传递绳	15m	条	1	
8	安全带		条	2	
9	脚扣		副	2	
10	绝缘电阻表	2500V	块	1	
11	个人工具		套	3	
12	钢锯弓子		把	1	
13	警告牌、安全围栏			若干	
14	机械压钳及压模		套	1	
15	断线钳	1 号	把	1	
16	钢卷尺	3m	个	1	
17	手锤		个	1	
18	挂钩滑轮		个	1	
19	钢丝绳扣		条	1	

注 所有工器具检查良好。

（2）隔离开关安装所需材料见表 4-3。

表 4-3 隔离开关安装所需材料

序号	名称	规格	单位	数量	备注
1	隔离开关	GW9-15/1000A	台	根据计划准备	
2	松动剂		瓶	1	
3	钢锯条		条	10	
4	棉纱		kg	0.5	
5	铜铝接线端子	根据计划准备	个	根据计划准备	
6	绝缘自粘带		盘	1	
7	绝缘导线	根据计划准备	m	根据计划准备	
8	设备线夹	根据计划准备	个	根据计划准备	
9	隔离开关保护罩		个	3	
10	导电膏		kg	0.1	

（3）隔离开关安装前检查。

1）检查隔离开关出厂安装说明书、合格证、技术资料、试验报告齐全有效。

2）检查隔离开关支持绝缘子有无硬伤、裂纹，表面有无异常痕迹。清除表面灰垢、附着物及不应有的涂料。

3）检查隔离开关合、分闸是否灵活，合上后触点接触应良好。弹簧片弹性正常。

4）用 2500V 绝缘电阻表遥测隔离开关支持绝缘子绝缘电阻，其阻值不得小于 500MΩ。

（4）作业条件。

隔离开关安装工作系室外电杆上进行的项目，要求天气良好，无雷雨，风力不超过 6 级。

4.3.3 步骤及质量标准

（1）安装新隔离开关。

1）地面人员用循环绳绑牢隔离开关并缓缓拉上杆，在向上拉的过程中防止隔离开关与电杆相碰而损坏绝缘子及其他部件。

2）安装隔离开关并固定牢靠。

3）连接隔离开关引线。铜铝连接应有可靠的过渡措施。

4）安装隔离开关连接端子绝缘防护罩。

（2）验收质量标准。

1）隔离开关应安装牢固；本体应与安装横担垂直，不得歪斜；动、静触头在一条直线上。

2）隔离开关和引线排列整齐。相间距离不小于 500mm。

3）隔离开关动触头连接负荷侧，静触头连接电源侧。

4）操作机构、传动部分应灵活无卡涩现象，分、合闸操作灵活可靠，动触头与静触头压力正常，接触良好。

5）引线连接宜采用双孔设备线夹或双孔接线端子。引线型号不小于主导线。

6）动触头与静触头处应涂导电膏。

（3）清理现场。

作业结束后，工作负责人依据施工验收规范对施工工艺、质量进行自查验收。合格后，清理施工现场，整理工器具、材料，办理工作终结手续。

4.3.4 注意事项

（1）隔离开关引线连接后，不应使隔离开关连接端子受力。

（2）合闸困难时，应查明原因，调整隔离开关的动、静触头，不得强行操作。

4.3.5 验收及标准规范

（1）瓷件良好、瓷铁黏合牢固。

（2）接线端子及载流部分应清洁，且接触良好，触头镀层无脱落。

（3）水平倾斜不大于支架长度的 1/100。

（4）操作机构和开关的底座动作灵活，并应涂以适合当地气候条件的润滑油。

（5）触头相互对准，接触紧密，两侧的接触压力均匀，载流部分的可挠连接不得有折损。

（6）隔离开关合闸后，触头间的相对位置、备用行程以及分闸状态时触头间净距或张开角度应符合产品技术标准，分闸后应有不小于 200mm 的空气间隙。

（7）机构的分、合指标应与设备的实际分、合位置相符。

（8）三相联动的隔离开关的三相隔离刀刃不同期不应大于 5mm。

（9）限位装置应准确可靠，连接部分的销子不应松动，开口销应完整并打开。

（10）铜铝搭接，应采用铜铝过渡线夹，连接部位应紧密可靠。

（11）应装设避雷器保护，设备外壳及支架应接地，接地电阻符合规定。

4.4 操　　作

隔离开关由于不具备灭弧能力，隔离开关的操作中必须要防止带负荷拉合隔离开关，操作人员必须清楚隔离开关的操作注意事项。

4.4.1 操作规定及要求

（1）隔离开关操作前认真核对设备的命名和实际的状态，并应检查相应的断路器确已拉开并分闸到位，确认送电范围内接地线已拆除；隔离开关有机械闭锁的，应检查机械闭锁的开起情况。

（2）隔离开关在操作过程中，如有卡涩、动触头不能插入静触头、合闸不到位等现象时，应停止操作，待缺陷消除后再继续进行。在操作隔离开关过程中，还应特别注意若瓷瓶有断裂等异常时应迅速撤离现场，防止人身受伤。

（3）隔离开关操作后，应认真检查隔离开关的实际位置，确认三相操作到位。

（4）操作柱上隔离开关至少应两人进行，应使用与线路额定电压相符，并经试验合格的绝缘棒，操作人员应戴绝缘手套。雨天操作时，为满足绝缘要求，应使用带有防雨罩的绝缘棒。登杆前，应根据操作票上的操作任务，核对线路双重编号、线路名称。

4.4.2 操作顺序

1. 停电操作顺序

（1）断路器一侧装有隔离开关的操作，先拉开断路器，确认断路器在断开位置后，再拉开隔离开关，确认隔离开关在断开位置后及时挂设"禁止合闸，线路有人工作"警告牌。

（2）断路器的双侧装有隔离开关的操作，先拉开断路器，确认断路器在断开位置后，再拉开负荷侧隔离开关，确认隔离开关在断开位置，再拉开电源侧隔离开关，确认隔离开关在断开位置后及时挂设"禁止合闸，线路有人工作"警告牌。

2. 送电操作顺序

先合上隔离开关（双侧装有隔离开关时先合电源侧，后合负荷侧），确认隔离开关在合闸位置后，再合上断路器，确认断路器在合闸位置。

4.4.3 危险点预控及安全注意事项

（1）触电伤害。

1）操作机械传动的断路器或隔离开关时应戴绝缘手套。没有机械传动的断路器、隔离开关，应使用合格的绝缘棒进行操作。雨天操作应使用有防雨罩的绝缘棒，并戴绝缘手套。

2）雷雨时，严禁进行断路器的倒闸操作。

3）登杆操作时，操作人员严禁穿越和碰触低压线路。

4）杆上同时有隔离开关和断路器时，应先拉开断路器再拉隔离开关，送电时与此相反。

（2）高处坠落伤害。

1）操作时操作人和监护人应戴好安全帽，登杆操作应系好安全带。

2）登杆前检查杆塔、登杆工具无问题，冬季应采取防滑措施。

（3）其他伤害。

1）倒闸操作要执行操作票制度（除事故处理），严禁无票操作。

2）倒闸操作应两人进行，一人操作，一人监护。

3）操作前应认真核所操作设备名称、编号和实际状态。

4）操作时严格按操作票执行，禁止跳项、漏项。

4.5 巡视项目要求及运行维护

（1）隔离开关是一种没有灭弧装置的控制电器，严禁带负荷进行分、合闸操作。但隔离开关可以按以下的规定进行操作：

1）分、合电压互感器、避雷器。

2）按表 4-4 的规定分、合设备。

表 4-4　　　　　　　　　　　　隔离开关分、合要求

允许分、合设备名称	室外单极及三连隔离开关	室内三连隔离开关
空载变压器/kVA	＜560	＜320
空载架空线路/km	＜10	＜5

（2）柱上负荷隔离开关是一种带有灭弧装置的控制电器，应在额定负荷电流以下时进行分、合操作。

（3）柱上隔离开关和负荷隔离开关的巡视、检查、清扫周期与相连线路相同，其巡视、检查内容如下：

1）瓷件有无裂纹、闪络、破损及脏污。

2）触头间接触是否良好，有无过热、烧损、熔化等现象。

3）各部件的组装是否良好，有无松动、脱落。

4） 引线接点连接是否良好，间距是否合适。

5） 安装是否牢固。

6） 操作机构是否灵活，有无锈蚀现象，分闸后的空气间隙是否大于 200mm。

7） 机构的分、合指示是否与设备的实际分、合位置相符。

8） 隔离开关的闭锁装置是否良好，辅助接点位置是否正确。

9） 接地装置是否完好。

（4） 检查发现以下缺陷时，应及时处理：

1） 触头接触不良、有麻点、过热、烧损现象。

2） 触头弹簧片的弹力不足，有退火、断裂等情况。

3） 机构操作不灵活。

4.6 状 态 检 修

柱上隔离开关虽然结构简单，但由于种类较多，一般与断路器等配合使用，为了保证隔离开关良好的运行状态，进行合理的检修维护管理工作，成为隔离开关安全运行的主要保证。对隔离开关的传统检修方式是定期检修。但近年由于电网的快速发展，开关设备数量急剧增加，检修工作剧增，同时由于系统停电困难、停电时间短以及其他因素影响，使很多隔离开关存在的问题不能解决。客观造成了隔离开关失修、超周期运行，并由此引发设备故障。为此，将电气设备从定期的检修逐步向状态检修转变已成为当今的趋势。

4.6.1 状态检修实施原则

状态检修应遵循"应修必修，修必修好"的原则，依据设备状态评价的结果，考虑设备风险因素，动态制定设备的检修计划，合理安排状态检修的计划和内容。

柱上隔离开关的状态检修工作内容包括停电、不停电测试和试验以及停电、不停电检修维护工作。

4.6.2 状态评价工作的要求

状态评价实行动态化管理，每次检修和试验后应进行一次状态评价。

4.6.3 检修分类

按照工作性质内容及工作涉及范围，将柱上隔离开关检修工作分为五类，即 A 类检修、B 类检修、C 类检修、D 类检修和 E 类检修，其中 A、B、C 类是停电检修，D 类是不停电检修，E 类是带电检修。

（1） A 类检修。A 类检修是指柱上隔离开关的整体解体检查、维护、更换和试验。

（2） B 类检修。B 类检修是指柱上隔离开关的局部性检修，如操作机构解体检查、维护、更换和试验。

（3） C 类检修。C 类检修是指对柱上隔离开关的常规性检查、维护、试验。

（4）D类检修。D类检修是指对柱上隔离开关在不停电状态下的带电测试、外观检查和维修。

（5）E类检修。E类检修是指对柱上隔离开关在带电情况下采用绝缘手套作业法、绝缘杆作业法进行的检修、维护。

（6）检修项目。

1）A类检修：①整体更换；②返厂检修。

2）B类检修：主要部件更换。

3）C类检修：①设备清扫、维护、检查、修理等工作；②设备例行试验。

4）D类检修：①带电测试；②维护、保养。

5）E类检修：带电清扫、维护。

4.6.4 状态检修原则

（1）检修原则。柱上隔离开关注意、异常、严重状态的配网设备检修原则见表4-5。

表4-5　　　　　　　　　　　柱上隔离开关检修原则

部件	状态量	状态变化因素	注意状态	异常状态	严重状态
支持瓷瓶	完整	破损	计划安排E类或A类检修	及时安排E类或A类检修	限时安排E类或A类检修
	污秽	外观严重污秽	计划安排E类或C类检修	及时安排E类或C类检修	限时安排E类或C类、A类检修
隔离开关本体	接头（触头）温度	导电连接点温度、相温差异常	计划安排E类或C类检修	及时安排E类或C类检修	限时安排E类或C类、A类检修
	卡涩程度	操作卡涩	—	及时安排E类或C类检修	—
	锈蚀	严重锈蚀	（1）加强巡视。（2）计划安排E类或A类检修	及时安排E类或A类检修	—
操作机构	锈蚀	严重锈蚀	（1）加强巡视。（2）计划安排E类或A类检修	及时安排E类或A类检修更换	—
接地	接地引下线外观	接地体连接不良，埋深不足	计划安排D类检修	及时安排D类检修	限时安排D类检修
	接地电阻	接地电阻异常	—	及时安排D类检修	—
标识	标识齐全	设备标识和警示标识不全，模糊、错误	计划安排D类检修	（1）立即挂设临时标识牌。（2）及时安排D类检修	—

（2）正常状态设备。正常状态设备的C类检修原则上特别重要设备6年一次，重要设

备 10 年一次。满足《配网设备状态检修试验规程》（Q/CTDW 643—2011）4.5.1 条中延长试验时间条件的设备可推迟 1 个年度进行检修。

（3）注意状态设备。注意状态设备的 C 类检修应按基准周期适当提前安排。

（4）异常状态设备。异常状态设备的停电检修应按具体情况及时安排。

（5）严重状态设备。严重状态设备的停电检修应按具体情况限时安排，必要时立即安排。

4.7　C 类检修标准化作业

C 类检修是一种标准化检修，是以公司系统统一规范的检修作业流程及工艺要求为准则而开展的一种检修模式。其目的是通过对作业流程及工艺要求的严格执行，更好地开展检修工作，确保检修工艺和设备的投运质量，使检修作业专业化。C 类检修项目与小修比较接近，但 C 类检修更重视作业流程的规范性。在目前的检修形势下，采取定期检修与状态检修相结合的检修模式，而定期检修通常采用 C 类检修。

4.7.1　检修前准备

（1）检修前的状态评估。

（2）检修前的红外线测温和现场摸底。

（3）危险点分析及预控措施。

1）上杆着装要规范，穿绝缘鞋，戴好安全帽，杆上作业不得打手机。上杆前先查登高工具或杆塔脚钉是否牢固，无问题后方可攀登，不使用未做试验、不合格的工器具。

2）安全带必须系在牢固构件上，防止安全带被锋利物割伤，转位时不得失去安全带的保护，安全带应足够长，防止留头太短松脱，攀爬导线时必须系上小吊绳或防坠落装置，风力大于 5 级不应作业，并设专人监护。

3）检修地段两侧必须有可靠接地，邻近、交跨有带电线路应正确使用个人保险绳，做好防止触电危险的安全措施。

4）试验时，人员与开关设备应保持足够的安全距离。试验应在天气良好的情况下进行，遇雷雨大风等天气应停止试验，禁止在雨天和湿度大于 80% 时进行试验，保持设备绝缘清洁。

4.7.2　柱上隔离开关例行试验项目及要求

（1）柱上隔离开关例行试验项目见表 4 - 6。

表 4 - 6　　　　　　　　　　　　柱上隔离开关例行试验项目

例行试验项目	周期	要求	说明
接地电阻测试	2 年	≤10Ω	

（2）诊断性试验项目。柱上隔离开关诊断性试验项目见表 4 - 7。

表 4-7 柱上隔离开关诊断性试验项目

诊断性试验项目	要　求	说　明
绝缘电阻测试	20℃时绝缘电阻不低于300MΩ	采用2500V兆欧表。A类、B类检修后必须重新测量
检查和维护	（1）就地进行2次操作，传动部件灵活。 （2）螺栓、螺母无松动，部件无磨损或腐蚀。 （3）支柱绝缘子表面和胶合面无破损、裂纹。触头等主要部件没有因电弧、机械负荷等作用出现破损或烧损。 （4）联锁装置功能正常。 （5）对操作机构机械轴承等部件进行润滑	
回路电阻值测试	不大于制造厂规定值（注意值）的1.5倍	测量电流不小于100A，在以下情况时进行测量： （1）红外热像发现异常。 （2）有此类家族缺陷，且该设备隐患尚未消除。 （3）上一年度测量结果呈现明显增长趋势，或自上次测量之后又进行了100次以上分、合闸操作。 （4）A类、B类检修之后

4.7.3　C类检修电气试验数据状态评价

（1）柱上隔离开关状态评价以台为单元，包括支持绝缘子、隔离开关本体、操作机构、接地及标识等部件。各部件的范围划分见表4-8。

表 4-8 柱上隔离开关各部件的范围划分

部件	评价范围
支持绝缘子 P_1	本体支持绝缘子、外部连接
隔离开关本体 P_2	隔离开关本体
操作机构 P_3	连杆及拉环
接地 P_4	接地引下线外观、接地电阻
标识 P_5	各类设备标识、警示标识

（2）柱上隔离开关的评价内容分为：绝缘性能、温度、机械特性、外观和接地电阻，具体评价内容详见表4-9。

表 4-9 柱上隔离开关各部件的评价内容

部件	绝缘性能	温度	机械特性	外观	接地电阻
支持绝缘子 P_1	√				
隔离开关本体 P_2		√	√	√	
操作机构 P_3				√	
接地 P_4				√	√
标识 P_5				√	

（3）各评价内容包含的状态量见表 4-10。

表 4-10　　　　　　　　　柱上隔离开关评价内容包含的状态量

评价内容	状态量
绝缘性能	污秽、完整
温度	接头（触头）温度
机械特性	卡涩程度
外观	锈蚀、接地引下线外观、标识齐全
接地电阻	接地电阻

（4）柱上隔离开关的状态量以巡检、例行试验、诊断性试验、家族缺陷、运行信息等方式获取。

（5）柱上隔离开关状态评价以量化的方式进行，各部件起评分为 100 分，各部件的最大扣分值为 100 分，权重表见表 4-11。隔离开关的状态量和最大扣分值见表 4-12。

表 4-11　　　　　　　　　　柱上隔离开关各部件权重

部件	支持绝缘子	隔离开关本体	操作机构	接地	标识
部件代号	P_1	P_2	P_3	P_4	P_5
权重代号 K_P	K_1	K_2	K_3	K_4	K_5
权重	0.3	0.3	0.25	0.1	0.05

表 4-12　　　　　　　　　柱上隔离开关的状态量和最大扣分值

序号	状态量	部件代号	最大扣分值
1	污秽	P_1/P_3	20
2	完整	P_1	40
3	接头（触头）温度	P_2	40
4	卡涩程度	P_2/P_3	30
5	锈蚀	P_2/P_3	30
6	接地引下线外观	P_4	40
7	接地电阻	P_4	30
8	标识齐全	P_5	30

（6）评价结果。

1）部件得分。

某一部件的最后得分 $M_{P(P=1,5)} = m_{P(P=1,5)} \times K_F \times K_T$

某一部件的基础得分 $m_{P(P=1,5)} = 100 -$ 相应部件状态量中的最大扣分值。对存在家族缺陷的部件，取家族缺陷系数 $K_F = 0.95$，无家族缺陷的部件 $K_F = 1$。寿命系数 $K_T = (100 -$ 运行年数 $\times 0.5) / 100$。

各部件的评价结果按量化分值的大小分为"正常状态""注意状态""异常状态"和

"严重状态"四个状态。分值与状态的关系见表 4－13。

表 4－13 柱上隔离开关部件评价分值与状态的关系

部件	85～100 分	75～85（含）分	60～75（含）分	60（含）分以下
支持瓷瓶	正常状态	注意状态	异常状态	严重状态
隔离开关本体	正常状态	注意状态	异常状态	严重状态
操作机构	正常状态	注意状态	异常状态	
接地	正常状态	注意状态	异常状态	严重状态
标识	正常状态	注意状态	异常状态	

2）整体得分。所有部件的得分都在正常状态时，该柱上隔离开关单元的状态为正常状态，最后得分＝$\sum (K_P \times M_{P(P=1,5)})$；有一个及以上部件得分在正常状态以下时，该柱上隔离开关单元的状态为最差部件的状态，最后得分＝$\min [M_{P(P=1,5)}]$。

（7）处理原则。状态评价结果为"正常状态"设备，执行 D 类检修，对"注意状态""异常状态"设备，按《配网设备状态检修导则》（Q/GDW644—2011）的要求进行状态评价处理。

4.8 反事故技术措施要求

反事故技术措施是在总结了长期以来电网运行管理，特别是安全生产管理方面经验教训的基础上，针对影响电网安全生产的重点环节和因素，根据各项电网运行管理规程和近年来在电网建设、运行中的经验，集中提炼出能指导当前电网安全生产的一系列防范措施。有助于各单位按照统一的安全标准，建设和管理好电网，提升电力系统安全稳定性。

4.8.1 隔离开关设备反事故技术措施

（1）隔离开关应选用符合国家电网公司《关于高压隔离开关订货的有关规定（试行）》完善化技术要求的产品。应对不符合要求的进行完善化改造。

（2）设备的交接试验必须严格执行国家和电力行业有关标准，不符合交接验收标准的设备不得投运。

（3）新装及检修后的隔离开关必须严格按照《电气装置安装工程 电气设备交接试验标准》（GB 50150—2016）、《电力设备预防性试验规程》（DL/T 596—1996）、产品技术条件及有关检修工艺的要求检修试验与检查，不合格不得投运。

（4）对于久未停电检修的隔离开关应积极申请停电检修或开展带电检修，防止和减少恶性事故的发生。

（5）结合电力设备预防性试验应加强对隔离开关转动部件、接触部件操作机构、机械及电气闭锁装置的检查和润滑，并进行操作试验，防止机械卡涩、触头过热、绝缘断裂等事故的发生，确保隔离开关的可靠运行。

（6）认真对隔离开关的各连接拐臂、联板、轴、销进行检查，如发现弯曲、变形或断裂，应找出原因，更换零件并采取预防措施。

（7）在运行巡视时，应注意隔离开关支柱绝缘子有无裂纹，夜间巡视时应注意瓷件有无异常电晕现象。

（8）定期检查隔离开关的铜铝过渡接头。

（9）与隔离开关相连的导线驰度应调整适当，避免产生太大的拉力。

（10）在隔离开关倒闸操作过程中，应严格监视隔离开关动作情况，如发生卡涩应停止操作并进行处理，严禁强行操作。

（11）加强对操作机构、辅助开关的维护检查。防止因触点腐蚀、松动、触点转换不灵活、切换不可靠等影响设备正常运行。

（12）定期用红外测温设备检查隔离开关设备的接头、导电部分，特别是在重负荷或高温期间，加强对运行设备温升的监视，发现问题应及时采取措施。

4.8.2 防止电气误操作事故

1. 严格执行操作票制度

（1）倒闸操作必须根据调度员或值长的命令执行，下令要清楚、准确，受令人复诵无误后执行。

（2）下令人应使用专业技术用语和设备双重名称，在下令前互通姓名，下令内容应录音，并做记录。

（3）受令人复诵无误后，下令给操作人员填写操作票。每份操作票只能填写一个操作任务，并应注明操作顺序号。

（4）操作人员在填写好操作票后，再审核一遍，签名后交监护人审查。监护人审查无误后签名。

（5）操作中应由两人进行，一人操作，另一人监护。操作完一项在其后打"√"，全部操作完毕后，汇报调度员或值长。

（6）就地拉隔离开关时，应戴绝缘手套。拉合隔离开关的瞬间不得观望。雨天操作时，为满足绝缘要求，应使用带有防雨罩的绝缘棒。

（7）已执行的操作票加盖"已执行"印章，否则加盖"作废"章，上述操作票存3个月备查。

2. 加强防误操作管理

（1）切实落实防误操作工作责任制，各单位应设专人负责防误装置的运行、检修、维护和管理工作。防误装置的检修、维护管理应纳入运行、检修规程范畴，与相应主设备统一管理。

（2）加强运行、检修人员的专业培训，严格执行操作票、工作票制度，并使两票制度标准化，管理规范化。

（3）严格执行调度命令。倒闸操作时，不允许改变操作顺序，当操作发生疑问时，应立即停止操作，并报告调度部门，不允许随意修改操作票。

（4）操作人及监护人，在操作现场，必须认真核对操作设备的线路名称、杆号、开关命名。

3. 防止误操作的措施

（1）倒闸操作发令、接令或联系操作，要正确、清楚，并坚持重复命令，有条件的要录音。

（2）操作前要进行"三对照"，操作中坚持"三禁止"，操作后坚持复查，整个操作贯彻"五不干"。

1）"三对照"：①对照操作任务和运行方式，由操作人填写操作票；②对照接线图审查操作票；③对照设备编号无误后再操作。

2）"三禁止"：①禁止操作人和监护人一起动手操作，失去监护；②禁止有疑问盲目操作；③禁止边操作边做其他无关工作（如聊天），分散精力。

3）"五不干"：①操作任务不清不干；②应有操作票而无操作票不干；③操作票不合格不干；④应有监护人而无监护人不干；⑤设备编号不清不干。

（3）拉合隔离开关前，必须确认断路器在断开位置，防止带负荷拉合隔离开关。引起短路。

4. 加强对运行、检修人员防误操作培训

加强对运行、检修人员防误操作培训，掌握各类开关的原理、结构和操作程序，能熟练操作和维护。

4.9 常见故障原因分析、判断及处理

隔离开关在电力系统中起着隔离电源、改变系统运行方式、分合小负荷电流、进行倒闸操作等重要作用。由于其操作原理和结构较简单，通常没有严格的大修周期规定，按惯例一般随主设备大修而进行。

4.9.1 柱上隔离开关常见缺陷分类

根据缺陷性质、严重程度来对柱上隔离开关的缺陷进行统计定性。

1. 紧急缺陷

必须立即处理，严重影响安全运行的设备缺陷。具体缺陷为：①瓷柱断裂或绝缘发热烧损；②拒分、拒合；③温度超过85℃，直流电阻越标50%的缺陷。

2. 重大缺陷

如不能在短时间内消除，可能影响设备安全运行，造成设备损坏的缺陷，具体缺陷为：①红外测温触头或引线接头发热，但低于85℃的缺陷；②卡涩严重，分合闸特别费力；③经常操作失灵；④接地开关损坏，无法操作；⑤虽然当前合闸位置无问题，但合闸时曾多次合闸不到位或合分明显不同期；⑥分闸不能到位，其隔离空间的距离不符合要求；⑦隔离开关操作不同期虽越过标准，但勉强可操作。

3. 一般缺陷

一般缺陷是指暂时不影响设备正常安全运行的缺陷，可以将其缺陷列入设备正常大修计划或整改消缺计划中。具体缺陷为：①外观锈蚀；②回路直流电阻越标在50%以内；③闭锁功能未实现，但有临时闭锁措施；④相位漆脱落或标识牌脱落。

4.9.2 各部位的主要缺陷

柱上隔离开关的常见缺陷部位主要有：开断元件，支撑绝缘件，操作、传动元件，支持底座，隔离开关附属元件等。

1. 开断元件的常见缺陷

(1) 触头和触指的常见缺陷：①触头和触指烧伤；②触头和触指严重变形；③静触头导向倒角位置不正确；④动静触头分、合不到位；⑤触头或触指脏污。

(2) 压力弹簧的常见缺陷：①压力弹簧固定螺钉脱落；②压力弹簧退火、锈蚀。

2. 支撑绝缘件的常见缺陷

(1) 绝缘子表面污闪。

(2) 瓷质绝缘子法兰锈蚀、老化断裂。

(3) 合成绝缘子伞裙老化断裂。

3. 操作、传动元件的常见缺陷。

(1) 转轴卡涩。

(2) 传动连杆焊接部位脱落。

(3) 分、合闸操作限位装置断裂。

(4) 轴销、开口销等锈蚀脱落。

4. 支持底座的常见缺陷。

(1) 底座倾斜角度过大。

(2) 支持底座锈蚀严重，导致支撑绝缘子倾斜。

5. 隔离开关附属元件的常见缺陷。

(1) 线夹的常见缺陷：①线夹紧固导线螺钉松动，导致发热；②线夹有裂纹。

(2) 绝缘罩脱落或歪斜影响分合闸。

(3) 警示牌、隔离开关编号丢失。

(4) 接地装置的常见缺陷：①接地引线被盗、锈蚀断股；②接地电阻不合格。

4.9.3 缺陷查找的基本方法

隔离开关的缺陷查找的基本方法见表 4-14。

表 4-14　　　　　　　　　　隔离开关的缺陷查找的基本方法

缺陷内容	查找方法	备　　注
触头和触指烧伤	红外测试	
绝缘子表面污闪		
动静触头分、合不到位	分合操作	
分、合闸操作限位装置断裂		
转轴卡涩		
绝缘罩脱落或歪斜影响分合闸		

缺陷内容	查找方法	备　　注
触头脏污	设备巡视	
合成绝缘子伞裙老化断裂		
支持底座锈蚀严重，导致支撑绝缘子倾斜		
传动连杆焊接部位脱落		
底座倾斜角度过大		
警示牌、隔离开关编号牌丢失		
接地引线被盗、锈蚀断股		
静触头导向倒角位置不正确	预试、检修	
触头和触指严重变形		
接地电阻和回路接触电阻不合格		

4.9.4　隔离开关的常见缺陷处理基本方法及质量要求

（1）触头和触指的缺陷处理。触头和触指的缺陷处理的基本方法及质量要求见表 4-15。

表 4-15　　　　触头和触指的缺陷处理的基本方法及质量要求

缺陷内容	处理基本方法	质量要求
触头或触指烧伤	烧伤面积不超过 7% 或深度不超过 0.5mm 时，可细齿锉刀锉平或 0 号砂纸打磨烧伤面	烧伤部位打磨平整，无影响导电接触的突起或毛刺
	烧伤面积超过 7% 或深度超过 0.5mm 时，应更换烧损触头或触指	更换的触头或触指型号与原触头或触指相同
触头或触指严重变形	校正变形的触头或触指	使其导电部分保持平整和原有的刚性
静触头导向倒角位置	调整静触头座螺钉	静触头导向倒角位置与动触头运行方向运行
动静触头分、合不到位	调整传动连杆	调整合格后，调整螺母应紧固
	调整拉杆绝缘子	隔离开关三相同期不大于 2mm
	调整压力弹簧紧固螺钉	调整后的隔离开关导电部分电阻不大于 200μΩ
触头或触指脏污	拆卸触头或触指，用清洗剂去污，并用 0 号砂纸打磨，均匀涂抹医用凡士林	脏污清洗干净，氧化层打磨干净

（2）压力弹簧的缺陷处理。压力弹簧的缺陷处理的基本方法与质量要求见表 4-16。

表 4-16　　　　　　　　　　　压力弹簧的缺陷处理的基本方法与质量要求

缺陷内容	处理基本方法	质量要求
压力弹簧固定螺钉脱落	重新安装螺钉	在固定螺钉外应安装并帽螺钉
压力弹簧退火、锈蚀	更换压力弹簧	压力弹簧应有 3mm 以上的压缩量

（3）绝缘件的常见缺陷处理。绝缘件的常见缺陷处理的基本方法和质量要求见表 4-17。

表 4-17　　　　　　　　绝缘件的常见缺陷处理的基本方法和质量要求

缺陷内容	处理基本方法	质量要求
绝缘子表面污闪、瓷质绝缘子法兰锈蚀、老化断裂、合成绝缘子伞裙老化断裂	涂防污涂料、更换防污型绝缘子	绝缘子表面灰尘应清除，再涂防污涂料，更换的绝缘子应调整分合闸同期、扣入深度

（4）支持底座的常见故障处理。支持底座的常见故障处理的基本方法和质量要求见表 4-18。

表 4-18　　　　　　　支持底座的常见故障处理的基本方法和质量要求

缺陷内容	处理基本方法	质量要求
底座倾斜角度过大	调整底座支撑连杆或抱箍	调整后的底座用水平仪检测不超过 3mm
支持底座锈蚀严重，导致支撑绝缘子倾斜	将导致支撑绝缘子与底座连接处锈蚀部分清除并防腐	支持底座外观无锈蚀

（5）操作元件的常见缺陷处理。操作元件的常见缺陷处理的基本方法和质量要求见表 4-19。

表 4-19　　　　　　　操作元件的常见缺陷处理的基本方法和质量要求

缺陷内容	处理基本方法	质量要求
转轴卡涩	调整转轴位置，用除锈剂清除转轴内锈迹、脏污。重新加注润滑油	转轴方向与受力连杆垂直，转轴内加注的润滑油应为耐高温型
传动连杆焊接部位脱落	重新焊接	焊接部位牢固并进行防腐，调整连杆保证隔离开关行程合格
分、合闸操作限位装置断裂	重新焊接	焊接部位牢固并进行防腐，满足分合闸限位位置正确
轴销、开口销等锈蚀脱落	更换锈蚀轴销、开口销	轴销、开口销与原型号一致，严禁使用螺钉或其他金属替代

（6）隔离开关附属元件的常见缺陷处理。隔离开关附属元件的常见缺陷处理的基本方法和质量要求见表 4-20。

表 4 - 20　　　　　　隔离开关附属元件的常见缺陷处理的基本方法和质量要求

缺陷内容	处理基本方法	质量要求
线夹紧固导线螺钉松动，导致发热	紧固螺钉	更换螺钉弹簧垫片，并紧固螺钉
线夹有裂纹	更换线夹	线夹型号应与导线方向一致，严禁用 0°角线夹人为改造角度
绝缘罩脱落或歪斜影响分合闸	安装、调整绝缘罩	绝缘罩型号应与隔离开关型号相符
警示牌、隔离开关编号牌丢失	补装警示牌、隔离开关编号牌	编号牌与原运行编号相符
接地引线被盗、锈蚀断股，接地电阻不合格	更换接地引线、接地体	更换后，接地电阻测试应合格

4.9.5　隔离开关的常见缺陷处理时的相关安全要求及危险点预控措施

隔离开关的常见缺陷处理时的相关安全要求及危险点预控见表 4 - 21。

表 4 - 21　　　　　　隔离开关的常见缺陷处理时的相关安全要求及危险点预控

处理步骤	危险点分析	危险点预控
处理前隔离开关的操作	配电线路及设备安全设施不规范	设备双重名称或设置应规范、齐全，设备标识牌安装牢固、字迹清晰，设备、待用线路或设备名称编号变更及时，配电线路主接线图、模拟图板应与现场及时修正等
	绝缘操作工器具不合格	绝缘表面不得有裂纹、破损、污渍，接头松动，验电器的自检功能不正常等
	操作杆使用不规范	雨天操作时，不得使用没有防雨罩的绝缘棒
	气象或环境条件恶劣	大风、雷雨等恶劣天气作业，夜间作业现场照明或照度应充足等
	设备或工器具损伤或操作方法错误而坠物	要有预防瓷柱折断，操作杆、动触头、拉杆绝缘子掉落的措施，避免操作用力过猛
检修工作	进线解除	解除后的引线应绑扎和固定，防止反弹至高压部分
	出线解除	出线为电缆线路的在接触前应验电并充分放电挂接地线，防止电缆储存电荷伤人或出线侧用户反送电
	更换隔离开关损坏元件	在拆除烧毁元件前应绑扎牢固，防止坠落伤人，杆上作业时下方严禁同时有人工作

第5章　户外跌落式熔断器

跌落式熔断器是户外高压保护电器。它装置在配电变压器高压侧、互感器和电容器与线路连接处，或配电线支干线路上，用作变压器和线路的短路、过载保护及分、合负荷电流。

5.1　基本结构与工作原理

5.1.1　户外跌落式熔断器的基本结构

跌落式熔断器由上下导电部分、熔丝管、绝缘部分和固定部分组成（图 5-1）。熔丝管又包括熔管、熔丝、管帽、操作环、上下动触头、短轴。熔丝材料一般为铜银合金熔点高并具有一定的机械强度。在熔管的上端还有一个释放压力帽，放置一低熔点熔片。当开断大电流时上端压力帽的薄熔片融化形成双端排气；当开断小电流时，上端压力帽的薄熔片不动作，形成单端排气。

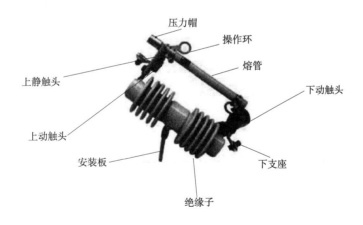

图 5-1　户外跌落式熔断器的结构外形图

5.1.2　户外跌落式熔断器的工作原理

熔丝穿过熔管两端拧紧，正常时靠熔丝的张力使熔管上动触头与上静触头可靠接触；当故障时熔丝熔断形成电弧，熔管内产生大量的气体对电弧形成吹弧，使电弧拉长并熄灭，同时失去熔丝拉力，在重力作用下，熔丝管向下跌落切断电路，形成明显的断开距离。

5.2　额定参数及意义

5.2.1　主要技术参数

跌落式熔断器主要技术参数有：额定电压、最高电压、额定电流、额定短路开断电流、瞬态恢复电压、工频恢复电压、弧前时间、燃弧时间、开断时间、预期开断电流、焦耳积分等。

5.2.2　技术参数的意义

（1）额定电压。熔断器铭牌上标明的正常工作线电压有效值。

（2）最高电压。制造厂所保证的熔断器可以长期运行的最高线电压有效值。

（3）额定电流。熔断器铭牌上所标明的可以长期运行的电流有效值。

（4）额定短路开断电流：按其技术条件规定进行试验时，熔断器保证能开断的最大短路电流的周期分量有效值。

（5）瞬态恢复电压。熔断器电弧熄灭后，在其上、下触头两端出现的具有显著瞬态特性的电压。该电压由工频分量和瞬态分量（非周期性的、单频振荡的或多频振荡的）叠加而成。

（6）工频恢复电压。熔断器的电弧熄灭，瞬态恢复电压消失后，作用在熔断器上、下触头间的工频电压有效值。

（7）弧前时间。从熔断器开始流过足以使熔丝熔断的电流至电弧出现瞬间的时间间隔。

（8）燃弧时间。从电弧出现瞬间至电弧最终熄灭瞬间的时间间隔。

（9）开断时间。弧前时间与燃弧时间之和。

（10）预期开断电流。熔断器开断动作时，电弧起始瞬间测定的电流的对称分量有效值。

（11）焦耳积分。在给定时间间隔内电流 2 次方的积分。

5.2.3　常用的跌落式熔断器

跌落式熔断器的形式很多，常用的有 RW3 - 10 型，RW4 - 10 型，RW10 - 10F 型，RW11 - 10 型，PW12 - 100（200）/6.3、8、12 等，跌落式熔断器的型号由字母和数字两部分组成（图 5 - 2）。

RW10 - 10F 型和 RW11 - 10 型是目前常用的两种普通型跌落式熔断器，如图 5 - 3、图 5 - 4 所示。两种型号各有特点，前者构造主要利用弹簧的弹力压紧触头，上端装有灭弧室和弧触头，具备带电操作分合闸的能力，而后者主要利用弹簧的弹力压紧触头，不能带负荷操作。两种型号跌落式熔断器的熔管及上、下接触导电系统结构尺寸略有不同，为保证事故处理时熔管和熔丝的互换性，减少事故处理备件数量，一个维护区域宜固定使用一种型号的跌落式熔断器。

型号组成及其含义

H □ R W □□ - □□ / □□

额定开断电流/kA
熔断器系列最大额定电流/A
其他标志
额定电压/kV
设计序号
保护对象：T—变压器；M—电动机；P—电压互感器；C—电熔器
安装场所：W—户外；N—户内
产品名称：R—熔断器
结构特征：X—限流式；R—喷射式（可省略）
绝缘子类型：H—复合；瓷不表示

图 5-2　跌落式熔断器的型号组成

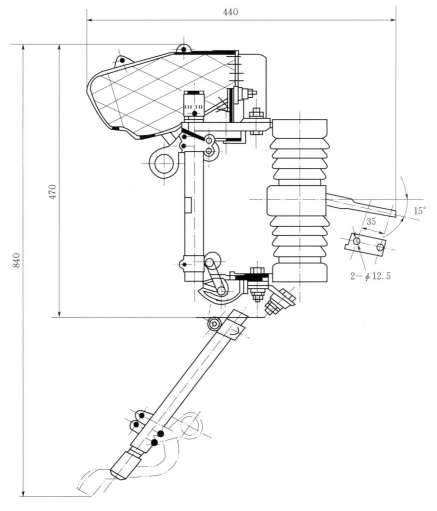

图 5-3　RW10-10F 型跌落式熔断器

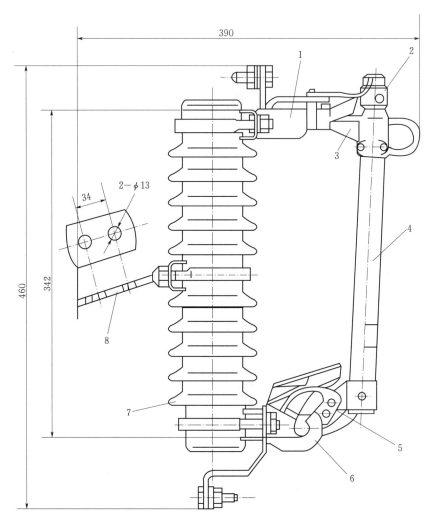

图 5 - 4　RW11 - 10 型跌落式熔断器

1—上静触头；2—压力帽；3—上动触头；4—熔管；5—下动触头；6—下支座；7—绝缘子；8—安装板

　　跌落式熔断器开断大电流的能力强，而开断小电流时燃弧时间则较长。它没有使电流强迫过零的能力，因此不起限流的作用。而且其能承受的过电压倍数也较低。跌落式熔断器的熔体结构有两端排气式和分级排气式两种。分级排气式熔断器的断电流能力较强。

　　常用熔丝额定电流有：3A、5A、7.5A、10A、15A、20A、30A、40A、50A、75A、100A、150A、200A 等。

5.2.4　跌落式熔断器的选择

　　10kV 跌落式熔断器适应用于四周空气无导电粉尘、无腐蚀性气体及易燃、易爆等危险性环境，年度温差比在 ±40℃ 以内的户外场所。其选择是按照额定电压和额定电流两项参数进行，也就是熔断器的额定电压必须与被保护设备（线路）的额定电压相匹配。熔断器的额定电流应大于或等于熔丝的额定电流（一般熔丝的额定电流可选为熔断器的 0.1～

0.3倍），而熔丝的额定电流选择为100kVA及以下取2～3倍额定电流，100kVA以上取1.5～2倍额定电流。此外，应按被保护系统三相短路容量，对所选定的熔断器进行校核。保证被保护系统的三相短路容量小于熔断器额定断流容量的上限，但必须大于额定断开容量的下限。

5.3 安装、验收及标准规范

5.3.1 户外跌落式熔断器的安装及标准规范

跌落式熔断器安装前的现场检查，主要包括跌落式熔断器、熔丝的技术性能、参数是否符合设计要求，检查的要点主要为瓷件（复合套管）外观应良好、干净，转轴灵活，铸件不应有裂纹砂眼，熔丝管不应有裂纹、变形，进行分合试验操作时机构灵活，经分合操作3次以上，指示正常。

跌落式熔断器安装时，安装的支架应符合相关规定要求，跌落式熔断器安装在支架上应固定牢固可靠，水平相间距离不小于500mm，对地距离不小于5m，操作应灵活可靠，接触紧密，合熔丝管时上触头应有一定的压缩行程。熔丝轴线与地面的垂线夹角为15°～30°。接线端子与引线的连接应采用线夹，如有铜铝连接时应有过渡措施，引线连接紧密，引线相间距离不小于300mm。熔断体的额定电流选择为100kVA及以下取2～3倍额定电流，100kVA以上取1.5～2倍额定电流。

5.3.2 户外跌落式熔断器的验收及标准规范

支接在主干线或重要支线上的分支点，或容量在315kVA及以上的配电变压器应采用带灭弧罩的跌落式熔丝管。

（1）瓷件良好，转轴灵活，铸件不应有裂纹砂眼，熔丝管不应有裂纹、变形。

（2）安装应牢固，排列整齐，高低一致。

（3）跌落式熔断器的轴线应于铅直线成15°～30°倾角；跌落时不应碰及其他物体。

（4）铜铝连接处，应装设铜铝过渡线夹。动作灵活可靠，熔丝管应紧密地插入钳口内，并应有一定的压缩行程。

（5）熔丝的规格应符合设计要求，且无弯曲、压扁或损伤，熔丝与尾线应压接紧密牢固。

5.4 操 作

5.4.1 一般要求

拉、合户外跌落式熔断器至少应由两人进行，为了保证操作人员安全，在操作跌落式熔断器时，应使用与线路额定电压相符，并经试验合格的绝缘棒，操作人员应戴绝缘手套。雨天操作时，为满足绝缘要求，应使用带有防雨罩的绝缘棒。带负荷拉、合跌落式熔断器时会产生电弧，负荷电流越大电弧也越大，所以在操作100kVA以上容量变压器的跌落式熔断器前应先将低压侧负荷断开。拉、合跌落式熔断器应迅速果断，但用力不能过猛，以免损坏跌落式熔断器。拉、合分支线跌落式熔断器应由工作负责人统一指挥，操作人员按单台配电变压器操作顺序进行逐台操作，操作前操作人员应根据操作任务认真核对线路双重名称、分支线路名称、用户及变压器跌落式熔断器安装地点。跌落式熔断器停、送电操作应逐相进行，同时必须考虑跌落式熔断器在杆上的布置和操作时的风向。

5.4.2 操作顺序

1. 停、送电操作顺序

在拉闸操作时，一般规定为先拉开中间相，在拉开背风的边相，最后拉开迎风的边相。这是因为配电变压器由三相运行改为两相运行，拉断中间相时所产生的电弧火花最小，不致造成相间短路。其次是拉背风边相，因为中间相已被拉开，背风边相与迎风边相的距离增加了1倍，即使有过电压产生，造成相间短路的可能性也很小，最后拉断迎风边相时，仅有配电变压器对地的电容电流，产生的电火花则很小。

合闸的时候先合迎风边相，再合背风边相，这是因为中间相未合上，相间距离较大，即使产生较大的电弧，造成相间短路的可能性也很小，最后合上中间相，仅使配电变压器两相运行变为三相运行，其产生的电火花很小，不会发生异常问题。

2. 用跌落式熔断器停、送分支线路及变压器操作顺序

(1) 配电变压器停运操作。首先拉开配电变压器低压侧空气断路器或剩余电流动作保护器，再拉开低压隔离开关，停运配电变压器低压负荷，再拉开配电变压器高压侧跌落式熔断器。

(2) 配电变压器投运操作。首先合上配电变压器高压侧跌落式熔断器，再合上配电变压器低压侧隔离开关，最后合上配电变压器低压侧空气断路器或剩余电流动作保护器。

(3) 分支线跌落式熔断器停运操作。操作人员按单台配电变压器停运操作顺序进行操作，将分支线上的配电变压器逐台停运，最后拉开控制分支线的跌落式熔断器，取下熔丝管。送电顺序与此相反。

3. 危险点预控及安全注意事项

操作跌落式熔断器的危险点预控及安全注意事项见表5-1。

表 5-1　　　　　操作跌落式熔断器的危险点预控及安全注意事项

危险点	安全注意事项
弧光短路、灼伤	(1) 必须有两人进行，一人操作、另一人监护。 (2) 操作人员应戴护目镜，使用合格的绝缘操作杆。 (3) 拉合配电变压器跌落式熔断器时先断开电变压器低压侧开关，拉合分支跌落式熔断器时应将支线上所有开关断开。 (4) 操作人员应站在跌落式熔断器的背侧

危险点	安全注意事项
触电	（1）操作人员应与同杆架设的低压导线和跌落式熔断器下引线保持足够的安全距离。 （2）使用同电压等级且试验合格的绝缘杆，雨天操作应使用有防雨罩的绝缘杆。 （3）雷电时严禁进行跌落式熔断器的操作
高处坠落	（1）操作时操作人员和监护人应戴好安全帽，登杆操作应系好安全带。 （2）登杆前检查杆根、埋深、登高工具有无问题，冬季应采用防滑措施
其他	（1）倒闸操作要执行操作票制度（除事故处理），严禁无票操作。 （2）倒闸操作应由两人进行，一人操作，另一人监护。 （3）操作前根据操作票认真核对所操作设备的名称、编号和实际状态。 （4）操作时严格按操作票执行，禁止跳项、漏项

5.5　巡视项目要求及运行维护

5.5.1　户外跌落式熔断器的巡视项

（1）瓷件有无裂纹、闪络、破损及脏污。

（2）熔丝管有无弯曲、变形。

（3）触头间接触是否良好，有无过热、烧损、熔化现象。

（4）各部件的组装是否良好，有无松动、脱落。

（5）引线连接点是还良好，各部件的间距是否合适。

（6）安装是否牢固，距离要求、倾斜角是否符合规定。

（7）操作是否灵活，有无锈蚀现象。

5.5.2　户外跌落式熔断器的运行维护

（1）熔断器的额定电流与熔丝及负荷电流值是否匹配合适，若配合不当必须进行调整。

（2）断器的每次操作须仔细认真，不可粗心大意，特别是合闸操作，必须使动、静触头接触良好。

（3）熔管内必须使用标准熔丝，禁止用铜丝铝丝代替熔丝，更不准用铜丝、铝丝及铁丝将触头绑扎住使用。

（4）对新安装或更换的熔断器，要严格验收工序，必须满足规程质量要求，熔管安装角度达到 25°左右的倾下角。

（5）熔丝熔断后应更换新的同规格熔丝，不可将熔断后的熔丝联结起来再装入熔管继续使用。

（6）应定期对熔断器进行巡视，每月不少于一次夜间巡视，查看有无放电火花和接触不良现象，有放电，会伴有嘶嘶声，要尽早安排处理。

5.6 状 态 检 修

户外跌落式熔断器是电网的主要构成部分,随着新科技、新技术的不断发展,电气设备性能与质量也不断提高,在正常使用年限内已经达到了可以不进行维护的水平,如果依然使用传统模式下的检修管理,就存在一定程度的不契合。因此,将电气设备从定期的检修逐步向着状态检修转变已成为当今的趋势。

5.6.1 状态检修实施原则

状态检修应遵循"应修必修,修必修好"的原则,依据设备状态评价的结果,考虑设备风险因素,动态制订设备的检修计划,合理安排状态检修的计划和内容。

户外跌落式熔断器的状态检修工作内容包括停电、不停电测试和试验以及停电、不停电检修维护工作。

5.6.2 状态评价工作的要求

状态评价施行动态化管理,每次检修和试验后应进行一次状态评价。

5.6.3 检修分类

按照工作性质内容及工作涉及范围,将户外跌落式熔断器检修工作分为五类,即 A 类检修、B 类检修、C 类检修、D 类检修和 E 类检修,其中 A、B、C 类是停电检修,D 类是不停电检修,E 类是带电检修。

(1) A 类检修。A 类检修是指户外跌落式熔断器的整体解体检查、维护、更换和试验。

(2) B 类检修。B 类检修是指户外跌落式熔断器的局部性检修,如熔丝套管的检查、维护、更换和试验。

(3) C 类检修。C 类检修是指对户外跌落式熔断器的常规性检查、维护、试验。

(4) D 类检修。D 类检修是指对户外跌落式熔断器在不停电状态下的带电测试、外观检查和维修。

(5) E 类检修。E 类检修是指对户外跌落式熔断器在带电情况下采用绝缘手套作业法、绝缘杆作业法进行的检修、维护。

(6) 检修项目。

1) A 类检修:①整体更换;②返厂检修。

2) B 类检修:主要部件更换。

3) C 类检修:①设备清扫、维护、检查、修理等工作;②设备例行试验。

4) D 类检修:①带电测试;②维护、保养。

5) E 类检修:检修、消缺、维护。

5.6.4 状态检修原则

（1）户外跌落式熔断器注意、异常、严重状态的配网设备检修原则见表 5-2。

表 5-2   跌落式熔断器的检修原则

部件	状态量	状态变化因素	注意状态	异常状态	严重状态
跌落式熔断器本体	外观完整	破损	计划安排 E 类或 C 类检修	及时安排 E 类或 A 类检修	限时安排 E 类或 A 类检修
	污秽	外观严重污秽	计划安排 E 类或 C 类检修	及时安排 E 类或 A 类检修	限时安排 E 类或 A 类检修
	操作稳定性、可靠性	操作卡涩、不稳定	计划安排 E 类或 C 类检修	及时安排 E 类或 A 类检修	限时安排 E 类检修或 A 类检修
	接头（触头）温度	导电连接点温度、相对温差异常	计划安排 E 类或 C 类检修	及时安排 E 类或 C 类检修	限时安排 E 类检修或 A 类检修
	故障跌落次数	超过厂家要求	—	—	限时安排 E 类检修或 A 类检修
	锈蚀	严重锈蚀	计划安排 E 类或 A 类检修	及时安排 E 类或 A 类检修	—

（2）正常状态设备的检修策略。被评为"正常状态"的跌落式熔断器，执行 C 类检修，C 类检修可按照正常周期或延长 1 个年度进行检修。在 C 类检修之前，可以根据实际需要适当安排 D 类检修。

（3）注意状态设备的检修策略。被评为"注意状态"的跌落式熔断器，执行 C 类检修。如果单项状态量扣分导致评价结果为"注意状态"时，应根据实际情况提前执行 C 类检修。如果仅由多项状态量合计扣分导致评价结果为"注意状态"时，可按照正常周期执行，并根据设备实际状况，增加必要的检修内容。在 C 类检修之前，可以根据实际需要适当安排 D 类检修。

（4）异常状态设备。被评为"异常状态"的跌落式熔断器，根据评价结果确定检修类型，并适时安排检修。实施停电检修前应加强 D 类检修。

（5）严重状态设备。被评为"严重状态"的跌落式熔断器，根据评价结果确定检修类型，并尽快安排检修。实施停电检修前应加强 D 类检修。

5.7 C 类检修标准化作业

C 类检修是一种标准化检修，是以公司系统统一规范的检修作业流程及工艺要求为准则而开展的一种检修模式。其目的是通过对作业流程及工艺要求的严格执行，更好地开展检修工作，确保检修工艺和设备投运质量，使检修作业专业化。C 类检修项目与小修比较接近，但 C 类检修更重视作业流程的规范性。在目前的检修形势下，采取定期检修与状态检修相结合的检修模式，而定期检修通常采用 C 类检修。

5.7.1 检修前准备

（1）检修前的状态评估。

（2）检修前的红外线测温和现场摸底。

（3）危险点分析及预控措施。

1）上杆着装要规范，穿绝缘鞋，戴好安全帽，杆上作业不得打手机。上杆前先查登高工具或杆塔脚钉是否牢固，无问题后方可攀登，不使用未做试验、不合格的工器具。

2）安全带必须系在牢固构件上，防止安全带被锋利物割伤，转位时不得失去安全带的保护，安全带应足够长，防止留头太短松脱，攀爬导线时必须系上小吊绳或防坠落装置，风力大于5级不宜作业，并设专人监护。

3）检修地段两侧必须有可靠接地，邻近、交跨有带电线路应正确使用个人保险绳，做好防止触电危险的安全措施。

4）试验时，人员与开关设备应保持足够的安全距离。试验应在天气良好的情况下进行，遇雷雨大风等天气应停止试验，禁止在雨天和湿度大于80%时进行试验，保持设备绝缘清洁。

5.7.2 户外跌落式熔断器例行试验项目及要求

巡检及例行试验项目见表5-3。

表5-3　　　　　　　　　　　　　跌落式熔断器巡检项目

巡检项目	周期	要求	说明
外观检查	市区线路一个月，郊区及农村一个季度	外观无异常，高压引线连接正常	
红外测温		温升、温差无异常	检测引线接头、触头等

5.7.3 户外跌落式熔断器C类检修状态评价

（1）跌落式熔断器状态评价以组为单元，包括本体及引线等部件。各部件的范围划分见表5-4。

表5-4　　　　　　　　　　跌落式熔断器各部件的范围划分

部件	评价范围
本体及引线 P_1	跌落式熔断器本体、上下引线

（2）跌落式熔断器的评价内容分为：绝缘性能、温度、机械特性和外观。评价内容详见表5-5。

表5-5　　　　　　　　　　跌落式熔断器各部件的评价内容

部件	绝缘性能	温度	机械特性	外观
本体及引线 P_1	√	√	√	√

（3）各评价内容包含的状态量见表5-6。

表5-6　　　　　　　　　　跌落式熔断器评价内容包含的状态量

评价内容	状态量
绝缘性能	完整、污秽
温度	接头（触头）温度
机械特性	操作稳定性、可靠性、故障跌落次数
外观	锈蚀

（4）跌落式熔断器的状态量以巡检、家族缺陷、运行信息等方式获取。

（5）跌落式熔断器状态评价以量化的方式进行，部件起评分为100分，最大扣分值为100分，其主要状态量扣分总和不超过80分，辅助状态量扣分总和不超过20分，根据部件得分及其评价权重计算整体得分。权重见表5-7。

表5-7　　　　　　　　　　　跌落式熔断器各部件权重

部件	本体及引线
部件代号	P₁
权重代号 K_P	K_1
权重	1

跌落式熔断器的状态量和最大扣分值见表5-8。

表5-8　　　　　　　　　　跌落式熔断器的状态量和最大扣分值

序号	状态量名称	部件代号	状态量分类	最大扣分值
1	完整	P₁	主状态量	40
2	接头（触头）温度	P₁	主状态量	40
3	故障跌落次数	P₁	主状态量	40
4	操作稳定性、可靠性	P₁	主状态量	40
5	锈蚀	P₁	辅助状态量	20
6	污秽	P₁	辅助状态量	15

（6）评价结果。

最后得分　　　　　　　　$M_P = m_P \times K_F \times K_T$

基础得分 $m_{P(P=1)} = 100 -$状态量中的最大扣分值。对存在家族缺陷的，取家族缺陷系数 $K_F = 0.95$，无家族缺陷的 $K_F = 1$。寿命系数 $K_T = （100 -$运行年数$\times 0.5）/100$。

评价结果按量化分值的大小分为"正常状态""注意状态""异常状态"和"严重状态"四个状态。分值与状态的关系见表5-9。

表 5 - 9 跌落式熔断器评价分值与状态的关系

85~100分	75~85（含）分	60~75（含）分	60（含）分以下
正常状态	注意状态	异常状态	严重状态

5.7.4 处理原则

状态评价结果为"正常状态"设备，执行 D 类检修，对"注意状态""异常状态"设备，按《配网设备状态检修导则》（Q/GDW 644—2011）的要求进行处理。

5.8 反事故技术措施要求

5.8.1 运行维护管理中应特别注意事项

（1）熔断器的额定电流与熔丝及负荷电流值是否匹配合适，若配合不当必须进行调整。

（2）熔断器的每次操作须仔细认真，不可粗心大意，特别是合闸操作，必须使动、静触头接触良好。

（3）正确合理选择跌落式熔断器的熔丝，一般按照负荷电流的 1.5～2 倍选择熔丝，禁止用铜丝、铝丝代替熔丝，更不准用铜丝、铝丝及铁丝将触头绑扎住使用。

（4）对新安装或更换的熔断器，要严格验收工序，必须满足规程质量要求，跌落式熔断器相间安装距离不小于 0.5m，跌落式熔断器安装应有向下 15°～30°倾角，以便熔丝熔断时靠熔管自重迅速跌落。

（5）熔丝熔断后应更换新的同规格熔丝，不可将熔断后的熔丝联结起来再装入熔管继续使用。

（6）应定期对熔断器进行巡视，查看有无放电火花和接触不良现象，有放电，或伴有嘶嘶的响声，要尽早安排处理。

5.8.2 在停电检修时应对熔断器做如下内容的检查

（1）静、动触头接触是否吻合，紧密完好，有否烧伤痕迹。

（2）熔断器转动部位是否灵活，有否锈蚀、转动不灵等异常，零部件是否损坏、弹簧有否锈蚀。

（3）熔丝本身有否受到损伤，经长期通电后有无发热伸长过多变得松弛无力。

（4）熔管经多次动作管内产气用消弧管是否烧伤及日晒雨淋后是否损伤变形、长度是否缩短。

（5）清扫绝缘子并检查有无损伤、裂纹或放电痕迹，拆开上、下引线后，用 2500V 兆欧表测试绝缘电阻应大于 300MΩ。

（6）检查熔断器上下连接引线有无松动、放电、过热现象。

对上述项目检查出的缺陷一定要认真检修处理。

5.8.3 户外跌落式熔断器反事故技术措施意义

根据电网配电电设备评估、技术监督、安全性评价、电网稳定分析以及各类事故、障碍等反映的问题，制定和实施电网预防事故措施，是电网安全生产管理的一项重要基础性工作，对构建公司全方位、全过程的动态安全生产管理体系，确保电网安全稳定运行具有十分重要的意义。

5.9 常见故障原因分析、判断及处理

户外跌落式熔断器常见故障原因分析、判断及处理见表 5-10。

表 5-10 户外跌落式熔断器常见故障原因分析、判断及处理

常见故障	原因分析	处理方法及注意事项
烧熔管	（1）熔管上下轴安装不正或被杂物阻塞。 （2）转轴部分粗糙阻力过大	（1）检查熔断器机械转轴并调整上下轴平面；如有杂物及时清理。 （2）转轴部分锈蚀的及时除锈并涂抹润滑油
熔管误跌落	（1）合闸不到位。 （2）熔断器上部触头弹簧的压力过小。 （3）熔断器安装角度过大。 （4）熔管尺寸与固定接触部分尺寸匹配不符合	（1）重新合闸。 （2）更换弹簧。 （3）调整熔断器安装角度，使其保持在 25°，偏差不超过 2°。 （4）更换符合尺寸的熔管
一相熔丝熔断	（1）熔丝使用不正确。 （2）熔丝老化断裂。 （3）三相负荷不平衡过负荷	（1）根据负荷要求正确选择熔丝。 （2）更换熔丝，定期做检查。 （3）对三相负载分配均匀
二相或三相熔丝熔断	（1）相间短路。 （2）线路故障。 （3）配变故障	（1）检查熔断器之间距离是否满足安全距离，引线、瓷体部分有无闪络放电痕迹。 （2）线路有无断线，有无被异物引起短路，有无雷击情况发生。 （3）配变是否烧毁，或有小动物爬到配变上引起短路

第6章 柱上避雷器

柱上避雷器（以下简称避雷器），又称为过电压限制器，其作用是把已侵入电力线、信号传输线的雷电过电压及系统内的暂时过电压、操作过电压，限制在一定范围之内，保证用电设备不被高电压冲击击穿。

避雷器在正常工作电压下，流过避雷器的电流仅有微安级，相当于一个绝缘体，当遭受过电压的时候，避雷器阻值急剧减小，使流过避雷器的电流可瞬间增大到数千安培，避雷器处于导通状态，释放过电压能量，从而有效地限制了过电压对输变电设备的侵害。常用的避雷器种类繁多，但目前系统普遍采用氧化锌避雷器。

6.1 基 础 知 识

避雷器是用以限制由线路传过来的电力系统过电压和雷电过电压（或大气过电压）的一种电气设备。

过电压指超过正常运行并可使电力系统绝缘或保护设备损坏的异常电压升高，可分为暂时过电压、操作过电压、雷电过电压三大类。暂时过电压、操作过电压是由于电力系统中，断路器的操作或系统故障，使参数发生变化，由此引起系统内部能量转化或传递而产生的过电压，也称内部过电压。由雷电过电压引起的称为外部过电压。

6.1.1 电力系统过电压

暂时过电压包括工频电压升高和谐振过电压，持续时间较长，暂时过电压的产生原因主要是空载线路中长线路的电容效应、不对称接地故障、负荷突变以及系统中发生的线性或非线性谐振等。暂时过电压的严重程度取决于其幅值和持续时间，在超高压系统中，限制工频电压升高具有重要的作用，因为：①其大小直接影响操作过电压的幅值；②其数值是决定避雷器额定电压的重要依据；③持续时间长的工频电压升高可能危及设备的安全运行。

操作过电压即电磁过度过程中的过电压，一般持续时间在 0.1s 内。在中性点非直接接地系统中，常见的操作过电压有：合闸空载线路过电压、切除空载线路过电压、切除空载变压器过电压以及解列过电压等，以合闸（包括重合闸）过电压最为严重。在中性点非直接接地系统中，主要是弧光接地过电压。

6.1.2 雷电过电压

（1）感应电过电压：在线路附近发生雷云对地放电时线路上产生的过电压，这种过电压在极少的情况下才达到 35kV 以上的电压，因此只对配网线路有较大危害。

（2）雷击导线、绕击时的过电压：直接雷击导线过电压情况下发生。

（3）雷击绝缘子或杆塔时引起的反击：雷击杆塔时由于杆塔电感和接地电阻，使本来地电位的杆塔具有很高的电位，引起绝缘子逆闪，将高电位加到导线上。

对配网电力系统，绝缘水平一般由大气过电压决定。其保护装置主要是避雷器，以避雷器的保护水平为基础决定设备的绝缘水平，并确保配电线路有一定的耐雷水平。对于这些设备，在正常情况下应能耐受内部过电压的作用，因此一般不专门采用针对内部过电压的限制措施。

6.1.3 避雷器的基本原理

避雷器是用来限制过电压的，它实质是一种放电器，并联连接在保护设备附近，当作用电压超过避雷器的放电电压时，避雷器即先放电，限制了过电压的发展，从而保护了电气设备以免遭击穿损坏。

避雷器的发展、结构的设计和改进主要围绕下述两点基本要求进行。

（1）具有良好的伏秒特性，以易于实现合理的绝缘配合。绝缘强度的配合中对避雷器的伏秒特性的要求不仅要位置低，而且形状平直。工程上通常用冲击系数来反映伏秒特性的形状，冲击系数是指冲击放电电压与工频放电电压之比，其比值越小，伏秒特性越平缓。避雷器伏秒特性的上限不应高于电气设备伏秒特性的下限，如图6-1所示

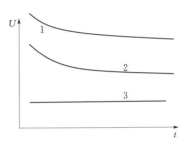

图6-1 避雷器与电气设备的伏秒特性配合
1—电气设备的伏秒特性；2—避雷器的伏秒特性；
3—电气设备上可能出现的最高工频电压

（2）应有较强的绝缘自恢复能力，以利于快速切断工频续流，使电力系统得以继续运行。避雷器一旦在冲击放电压作用下放电，就造成系统对地短路。此后雷电过电压虽然过去，但工频电压却相继作用在避雷器上，使其通过工频续流，以电弧放电的形式出现。避雷应当具有自行切断工频续流恢复绝缘强度的能力，使电力系统能够继续正常运行。

6.1.4 避雷器的常用参数

避雷器的持续运行电压是指允许长期连续施加在避雷器两端的工频电压有效值。基本上与系统的最大相电压相当（系统最大运行线电压除以$\sqrt{3}$）。

避雷器的额定电压即避雷器两端允许施加的最大工频电压有效值。正常工作时能够承受暂时过电压，并保持持续不变，不发生热崩溃。

避雷器的残压是指放电电流通过避雷器时，其端子间所呈现的电压。

（1）避雷器额定电压U。施加到避雷其端子间的最大允许工频电压有效值，按照此电压所设计的避雷器，能在所规定的动作负载试验中确定的暂时过电压下正确的工作。他是表明避雷器运行特性的一个重要参数，但不等于系统标称电压。

（2）避雷器持续运行电压U。允许持久的施加在避雷器两端的工频电压有效值，避雷器吸收过电压能量后温度升高，在此电压作用下正常冷却，不发生热击穿。

（3）参考电压（起始动作电压U_{1mA}）。通常一体通过1mA工频电流阻性分量峰值或

直流幅值时避雷器两端电压峰值 U_{1mA} 定义为参考电压，从这一电压开始，认为避雷器进入限制过电压的工作范围，所以也称为转折电压。

（4）压比 K。压比指避雷器通过波形 $8/20\mu s$ 的标称冲击放电电流时的残压与起始动作电压比，例如 5kA 压比为

$$K = U_{5kA}/U_{1mA} \qquad (6-1)$$

压比越小，表明残压越低，保护性能越好。

（5）荷电率 η。荷电率表征单位电阻片上的电压负荷，计算为

$$\eta = \sqrt{2}U_c/U_{1M} \qquad (6-2)$$

荷电率的高低对避雷器老化程度的影响很大，中性点非有效接地系统中，一般采用较低荷电率，而在中性点直接接地系统中，采用较高的荷电率。

6.2 基 本 结 构

6.2.1 避雷器的型号与附件

避雷器适用于交流 20kV 及以下配电系统，用于将雷电和系统内部操作过压电的幅值限制到规定的水平，是整个系统绝缘配合的基础设备。是集成化、模块化的中高压输变电成套设备中首选的防雷元件。配电型避雷器型号有 HY5WS-12.7/50、HY5WS-17/50、HY5CS-12.7/45，型号说明如图 6-2 所示。

避雷器产品型号说明如下：

（1）产品型式中，Y 表示瓷套式金属氧化物避雷器；YH（HY）表示有机外套金属氧化物避雷器。

（2）结构特性：W 表示无间隙；C 表示串联间隙；B 表示并联间隙。

（3）使用场所：S 表示配电型；Z 表示电站型；R 表示电容型；D 表示电机型；T 表示铁道型；X 表示线路型；L 表示直流型；F 表示 GIS 型；O 表示油式。

（4）附加特性：W 表示防污型；G 表示高原型；T 表示湿热型；K 表示抗震型。

6.2.2 避雷器的分类

避雷器可分为脱扣式避雷器、阀型避雷器、氧化锌避雷器。

1. 脱扣式避雷器

脱扣式避雷器也称跌落式（可投、可切）避雷器（图 6-3），即将避雷器安装与跌落机构上（类似与跌落式熔断器），在不停电的状态下，可借助绝缘操作杆进行拉、合，便于避雷器进行检修、维护与更换。

脱扣式避雷器可带电装卸，特别适合不宜停电的场所。在避雷器发生故障时能自动脱落，退出运行，可保证线路正常运行。脱扣式避雷器脱落后明显，易于发现，可减少故障查找工作量。

2. 阀型避雷器

阀型避雷器由放电间隙和非线形电阻阀片组成，并密封在瓷管内。

图6-2 避雷器产品型号说明

附加特征代号：
G—高原型；
W—防污型；
K—抗震型；
T—湿热型；
标称放电电流下最大残压/kV
避雷器额定电压/kV
设计序号（厂家自定义）
使用场所：
S—配电型；Z—电站型；
R—电容型；D—电机型；
T—铁道型；L—直流型；
X—线路型；F—GIS型；
O—油式
结构特征：
W—无间隙；
C—串联间隙；
B—并联间隙；
标称放电电流/kA
复合外套绝缘，氧化物阀片

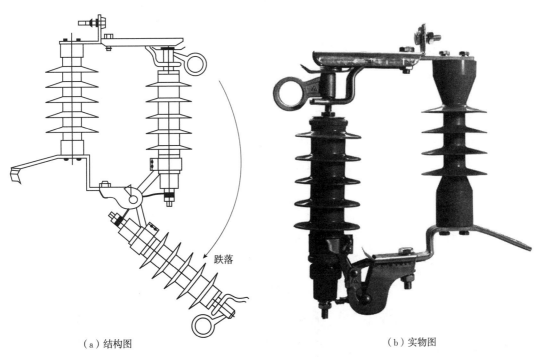

跌落

（a）结构图　　　　　　　　　　　　（b）实物图

图6-3 脱扣式避雷器

放电间隙是由若干个标准单个放电间隙（间隙电容）串联而成，并联一组均压电阻，可提高间隙绝缘强度的恢复能力。

非线性电阻阀片也是由许多单个阀片串联而成，其静态伏安特性可限制工频续流，雷电流通过时，端部不会出现很高的电压，改善避雷器保护性能。

3. 氧化锌避雷器

氧化锌避雷器主要由氧化锌（ZnO）阀片柱、芯棒、外绝缘裙套、密封填充胶和电极五部分组成。整体结构如图6-4所示。

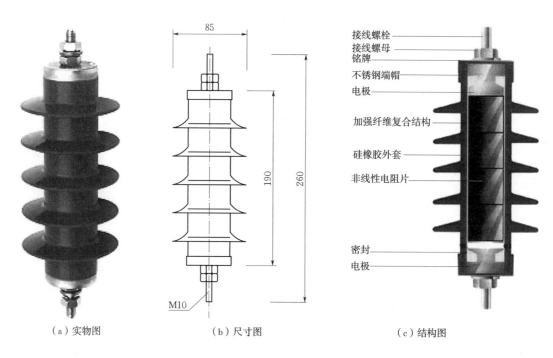

（a）实物图　　　　（b）尺寸图　　　　（c）结构图

图6-4　氧化锌避雷器

氧化锌避雷器的阀片材料是氧化锌（ZnO）为主，适当添加氧化铋（Bi_2O_3）、氧化钴（Co_2O_3）、二氧化锰（MnO_2）、氧化锑（Sb_2O_3）等金属氧化物。加工成颗粒状混合搅拌均匀，然后烘干，压制成工作圆盘。经高温烧结制作而成，阀片表面喷涂一层金属粉末（铝粉），其侧面应涂绝缘层（釉，有陶瓷釉向玻璃釉发展）。将阀片按照不同的技术条件进行组合，装入瓷套内密封。

（1）氧化锌避雷器的特性。氧化锌避雷器采用具有极优异伏安特性的氧化锌阀片作为保护单元，取代了 SiC 和火花间隙（图6-5）。

在正常系统电压作用下，氧化锌避雷器阀片呈高阻状态，流过避雷器的电流可视为无续流。当有过电压作用时，阀片立刻呈现低阻状态，将能量迅速释放，此后即恢复高阻状态，迅速截断工频续流，由于

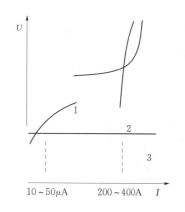

图6-5　氧化锌避雷器的伏安特性曲线

氧化锌阀片具有优异的非线性特性，所以氧化锌避雷器不用串联间隙。

（2）氧化锌避雷器的优缺点及劣化原因。

1）氧化锌避雷器的优点。

a. 保护特性优异，没有放电延时，伏秒特性比较平坦，残压水平较低。

b. 无续流，动作负载轻，在大电流长时间重复动作的冲击作用下，特性稳定。

c. 运行性能良好，耐冲击能力强；耐污秽性能较好。

d. 实用性好，结构简单，高度低，安装维护方便。

e. 不存在间隙放电电压随避雷器内部气压变化而变化的问题，因此无间隙避雷器是理想的高原地区避雷器。

f. 用于重污秽地区比传统避雷器优越，不存在污秽影响间隙电压分布问题。

g. 陡波下保护特性改善。不存在间隙放电电压随雷电波陡度的增加而增大的问题。陡波下保护特性有可能得到改善。

2）氧化锌避雷器不足之处。由于没有放电间隙，阀片将因长期直接承受工频电压的作用产生劣化现象，引起阀片电阻值的降低，泄漏电流增加，其阻性分量电流是有功分量，它急剧增加势必加速阀片老化速度，可能在遇到操作冲击波作用时，其能量被吸收时，因阀片的损耗功率超过其散热功率，阀片温度上升而发生热崩溃，造成避雷器爆炸事故。受潮与老化是引起氧化锌避雷器故障的两个根本原因。

3）氧化锌避雷器劣化的主要原因。

a. 由于密封不当引起内部受潮占相当比例，泄漏成倍增长，绝缘性能显著下降，有时形成局部导电通道致使发生内部湿闪络。

b. 某些氧化锌避雷器本身设计的荷电率太高，负荷过重。另外因电位分布不均，导致局部电阻片老化加速，由于电阻片在工作电压下呈现负的温度系数，使这种状况更为严重，它的高次谐波阻性电流也同步迅速增大。

c. 由于氧化锌避雷器表面污秽的不均匀导致电位分布的不均匀性而引起局部荷电率过高，还可以引起局部放造成脉冲电流的产生，使氧化锌避雷器的侧面绝缘减弱，引起泄漏电流增大。

d. 异常运行条件及其他原因引起的氧化锌避雷器事故。如直击雷等。

在中性点非直接接地的10kV电力系统中，当发生单相接地故障时，一般允许带单相接地故障运行两小时甚至更长，而线路断路器不跳闸，这样其他两健全相的电压升高到线电压，这对无间隙的氧化锌避雷器来说是严峻的考验。如果此时发生弧光接地或谐振过电压，氧化锌避雷器动作放电时就有爆炸损坏的可能，从而造成事故。

6.3 安 装

安装杆上避雷器所需工器具和材料、安装前检查与试验，安装步骤、质量标准及安全注意事项等。

1. 危险点分析与控制措施

（1）为防止误登杆塔，作业人员在登塔前应核对停电线路的双重称号，与工作票一致后方可工作。

（2）为防止作业人员高空坠落，杆塔上工作的作业人员必须正确使用安全带、保险绳两道保护。离地面2m及以上即为高空作业，攀登杆塔时应检查脚钉或爬梯是否牢固可靠；在杆塔上作业时，安全带应系在牢固的构件上；高空作业工作中不得失去双重保护，转向移位时不得失去一重保护。

（3）为防止高空坠落物体打击，作业现场人员必须戴好安全帽，严禁在作业点正下方逗留。

（4）登杆塔前要对杆塔进行检查，内容包括杆塔是否有裂纹，杆塔埋设深度是否达到要求；同时要对登高工具进行检查，看其是否在试验期限内；登杆前要对脚扣和安全带作冲击试验。

（5）高空作业时不得失去监护。

（6）杆上人员要用传递绳索将工具材料卸下，严禁抛扔。

（7）传递绳索与横担之间的绳结应系好以防脱落，金具可以放在工具袋内传递。

2. 作业前准备

（1）工器具和材料准备。安装避雷器所需工器具见表6-1。

表6-1 安装避雷器所需工器具表

序号	名称	规格	单位	数量	备注
1	验电器	10kV	支	1	
2	验电器	0.4kV	组	2	
3	接地线	10kV	组	1	
4	接地线	0.4kV	组	1	
5	个人保险绳	不小于16mm^2		若干	
6	警告牌、安全围栏			1	
7	绝缘手套	10kV	副	1	
8	绝缘操作杆	10kV	套	1	
9	传递绳	15m	条	2	
10	挂钩滑轮				
11	安全带		条	2	
12	脚扣		副	2	
13	绝缘电阻表	5000V	块	1	
14	个人工具		套	4	
15	钢锯弓子		把	1	

安装避雷器所需材料见表6-2。

表6-2　　　　　　　　　　　　　安装避雷器所需材料表

序号	名称	型号	单位	数量	备注
1	避雷器	HY5WS-17/50	个	3	
2	避雷器横担	∠63×6×1700	根	2	
3	接地装置		组	1	
4	接地引线		m	8	
5	绝缘自粘带	3m	盘	1	
6	绝缘线	JKTYJ-25mm²	m	5	
7	垫铁		个	2	
8	U形抱箍	U-16	个	1	

（2）作业条件。安装杆上避雷器是室外作业项目，要求天气良好，无雨，风力不超过6级。作业前其他主要设备，如变压器、开关、电缆头等已安装到位。

3. 质量及标准

（1）避雷器的安装位置。

1）绝缘架空线路为防止雷击断线，在直线杆负荷侧加装避雷器。

2）配电变压器高压侧需安装避雷器，避雷器安装在跌落式熔断器或开关的两侧，尽量靠近变压器。

3）柱上开关装避雷器（常闭开关装在电源侧，常开开关装在两侧）。

4）户外电缆终端头在线路侧装避雷器。

5）在空旷多雷地区无建筑屏蔽时，配电变压器低压侧加装避雷器。

6）个别绝缘弱点，加装避雷器。

（2）避雷器安装前主要检查项目。

1）避雷器额定电压与线路电压是否匹配，有无试验合格证。

2）表面有无裂纹、破损和闪络痕迹，胶合及密封情况是否良好。

3）不同方向轻轻摇动，避雷器内部应无响声。

4）金属部分有无锈蚀。

（3）主要电气参数。

1）额定电压：允许施加的最大工频电压有效值，不同于系统的标称电压，一般为17kV（不接地或经消弧线圈接地）、12kV（经小电阻接地）。

2）持续运行电压：允许长时间施加的工频电压有效值；

3）冲击电流残压：包括陡波冲击电流残压、雷电冲击电流残压和操作冲击电流残压。

4）直流1mA参考电压。

5）常用氧化锌避雷器参数。氧化锌避雷器分为无间隙和有间隙两种。常用的是无间隙避雷器。复合外套交流无间隙氧化锌避雷器技术参数见表6-3。

　　　　　　　　　　　复合外套交流无间隙氧化锌避雷器技术参数表

避雷器型号	系统额定电压/kV	避雷器额定电压/kV	持续运行电压/kV	直流1mA电压/kV	雷电冲击电流下残压/A	操作冲击电流下残压/A	方波通流容量/A	大电流冲击耐受/kV	$0.75U_{1mA}$下泄漏电流/A	材质	使用场所
HY5WS－12.7/50	10	12.7	6.6	25	50	42.5	75	40	50	复合外套	配电型
HY5WS－17/50	10	17	13.6	25	50	42.5	75	40	50	复合外套	配电型
HY5CS－12.7/45	10	12.7	—	—	45	38.4	75	40	—	复合外套	配电型

4. 避雷器安装前试验项目

（1）绝缘电阻：用 2500V 兆欧表摇测绝缘电阻，不小于 1000MΩ。

（2）直流 1mA 电压（U_{1mA}）：测量值与初始值或制造厂规定值比较，变化不大于 ±5%。

（3）$0.75U_{1mA}$ 下泄漏电流：中压不大于 $50\mu A$；低压不大于 $30\mu A$。

（4）验电挂地线：使用相应电压等级接触式验电器，戴高压绝缘手套。按照先低压后高压、先下层后上层的顺序逐相验电。杆上人员对导线应保持 0.7m 的安全距离。高压验电，在一次母线破口处逐相验电，确认无电压后，立即挂地线。按先低压后高压、先下层后上层的顺序逐相挂地线。先装接地端，后挂导线端。人体不得接触地线。拆除地线时，顺序与此相反。人员不能触碰接地线（接地棒埋深不小于 0.6m）。

（5）登杆前检查电杆根部、基础是否牢固，检查杆身有无严重裂纹。安全带和脚扣进行冲击试验。

（6）安装避雷器横担。横担安装应牢固、水平，与线路方向垂直。

（7）安装避雷器。安装牢固，排列整齐，高低一致，相间距离不小于 350mm。

（8）引线连接。连接引线应采用绝缘导线，截面积不应小于铜线 25mm²，铝线 35mm²，与避雷器连接应用设备线夹或连接端子，连接紧密，接触良好。若连接的引线为铝线时，连接点必须有铜铝过渡措施。三相引线连接好后，相间距离一致，松紧适中。使用绝缘自粘带恢复绝缘，防止引线进水。连接引线不应使避雷器受力。

（9）与接地装置连接。将避雷器下端与接地装置连接，接地体地下连接采用焊接，接地体连接用的钢筋（直径 8mm 镀锌）应引出地面 1.8m，并用钢夹板与避雷器引下线连接。接地电阻应符合要求。

（10）安装完成后，工作负责人依据施工验收规范对施工工艺、质量进行自查验收，按要求清理施工现场，拆除接地线，整理工具、材料，办理工作终结手续。

6.4　验 收 及 验 收 标 准

（1）避雷器外观应无裂纹、损伤，整体密封完好。

（2）应尽量靠近被保护设备垂直安装，一般不宜大于 5m 装设在负荷熔丝侧。

（3）安装牢固，水平排列整齐，相间距离：1～10kV 时，不小于 350mm；1kV 以下时，不小于 150mm。

（4）避雷器上、下引线不应过紧或过松，连接引线不应使避雷器受力。接地引下线应短而直，连接要紧密，不准套入铁管中，应与热镀锌接地装置用螺栓连接，接触要良好。

（5）避雷器的引线与导线连接要牢固，紧密接头长度不应小于 100mm。

（6）避雷器引线要用两块垫片压在接连螺栓的中间，且要压紧，在接线时不要用力过猛。

（7）避雷器带电部分与相邻导线或金属架的距离不应小于 350mm。

（8）避雷器应垂直安装，排列要整齐。

（9）避雷器与接地线的连接应短而直，不能迂回弯曲。

（10）测量接地极接地电阻不大于 1Ω，检查地线各部连接牢固。

6.5 状 态 检 修

避雷器是电网的主要构成部分，随着新科技、新技术的不断发展，避雷器性能与质量也不断提高，在正常使用年限内已经达到了可以不进行维护的水平，如果依然使用传统模式下的检修管理，就存在一定程度的不契合。因此，将电气设备从定期的检修逐步向着状态检修转变已成为当今的趋势。

6.5.1 状态检修实施原则

状态检修应遵循"应修必修，修必修好"的原则，依据设备状态评价的结果，考虑设备风险因素，动态制定设备的检修计划，合理安排状态检修的计划和内容。

避雷器的状态检修工作内容包括停电、不停电测试和试验以及停电、不停电检修维护工作。

6.5.2 状态评价工作的要求

状态评价实行动态化管理，每次检修和试验后应进行一次状态评价。

6.5.3 检修分类

按照工作性质内容及工作涉及范围，将柱上避雷器检修工作分为五类，即 A 类检修、B 类检修、C 类检修、D 类检修和 E 类检修，其中 A、B、C 类是停电检修，D 类是不停电检修，E 类是带电检修。

（1）A 类检修。A 类检修是指柱上避雷器的整体解体检查、维护、更换和试验。

（2）B 类检修。B 类检修是指柱上避雷器的局部性检修，如搭头线体检查、维护、更换和试验。

（3）C 类检修。C 类检修是指对柱上避雷器的常规性检查、维护、试验。

（4）D 类检修。D 类检修是指对柱上避雷器在不停电状态下的带电测试、外观检查和维修。

（5）E类检修。E类检修是指对柱上避雷器在带电情况下采用绝缘手套作业法、绝缘杆作业法进行的检修、维护。

（6）检修项目。

1）A类检修：①整体更换；②返厂检修。

2）B类检修：主要部件更换。

3）C类检修：①设备清扫、维护、检查、修理等工作；②设备例行试验。

4）D类检修：①带电测试；②维护、保养。

5）E类检修：带电清扫、维护。

6.5.4 状态检修原则

1. 检修原则

避雷器注意、异常、严重状态的配网设备检修原则见表6-4。

表6-4 避雷器注意、异常、严重状态的检修原则

部件	状态量	状态变化因素	注意状态	异常状态	严重状态
本体及引线	外观完整	外观清洁	计划安排E类或C类检修。	及时安排E类或A类检修	限时安排E类或A类检修
	温度	相对温差异常	—	及时安排E类或A类检修	—
	污秽	污秽	计划安排E类或C类检修	及时安排E类或A类检修	限时安排E类或A类检修
	接地引下线外观	接地体连接不良，埋深不足	计划安排D类检修	及时安排D类检修	限时安排D类检修
	接地电阻	接地电阻异常	—	及时安排D类检修	—

2. 正常状态设备

被评为"正常状态"的负荷开关，执行C类检修，C类检修可按照正常周期或延长1个年度进行检修。在C类检修之前，可以根据实际需要适当安排D类检修。

3. 注意状态设备的检修策略

被评为"注意状态"的负荷开关，执行C类检修。如果单项状态量扣分导致评价结果为"注意状态"时，应根据实际情况提前执行C类检修。如果仅由多项状态量合计扣分导致评价结果为"注意状态"时，可按照正常周期执行，并根据设备实际状况，增加必要的检修内容。在C类检修之前，可以根据实际需要适当安排D类检修。

4. 异常状态设备

被评为"异常状态"的负荷开关，根据评价结果确定检修类型，并适时安排检修。实施停电检修前应加强D类检修。

5. 严重状态设备

被评为"严重状态"的负荷开关，根据评价结果确定检修类型，并尽快安排检修。实

施停电检修前应加强 D 类检修。

6.6 巡视项目及要求

1. 日常巡视项目

（1）瓷套应无裂纹破损及闪络痕迹，瓷套表面应无严重污秽。

（2）避雷器支架是否歪斜，铁件有无锈蚀，固定是否牢固。

（3）与避雷器连接的导线和接地引下线应完整连接牢固，无松动断线现象。

（4）避雷器上、下引线和接地线连接是否良好，有无烧伤、烧断或断线，接线螺栓是否短缺；引线与构架、导线的距离是否符合规定。

2. 特殊巡视项目

（1）天气异常巡视项目。雷雨后检查瓷套无裂纹、破损、放电痕迹；大风后检查避雷器引线的摆动情况。

（2）过电压运行巡视项目。检查相关设备的接地线是否烧断或开焊；瓷套无裂纹、破损、放电痕迹；

（3）节假日巡视项目。按日常巡视项目进行。

（4）夜间巡视项目。使用测温设备测量引线接头温度，表面无闪络现象。

特殊巡视中发现紧急状况时应立即向上级汇报并按照缺陷的处置原则进行处理。

6.7 C 类检修标准化作业

C 类检修是一种标准化检修，是以公司系统统一规范的检修作业流程及工艺要求为准则而开展的一种检修模式。其目的是通过对作业流程及工艺要求的严格执行，更好地开展检修工作，确保检修工艺和设备投运质量，使检修作业专业化。C 类检修项目与小修比较接近，但 C 类检修更重视作业流程的规范性。在目前的检修形势下，采取定期检修与状态检修相结合的检修模式，而定期检修通常采用 C 类检修。

6.7.1 检修前准备

（1）检修前的状态评估。

（2）检修前的红外线测温和现场摸底。

（3）危险点分析及预控措施。

1）上杆着装要规范，穿绝缘鞋，戴好安全帽，杆上作业不得打手机。上杆前先查登高工具或杆塔脚钉是否牢固，无问题后方可攀登，不使用未做试验、不合格的工器具。

2）安全带必须系在牢固构件上，防止安全带被锋利物割伤，转位时不得失去安全带的保护，安全带应足够长，防止留头太短松脱，攀爬导线时必须系上小吊绳或防坠落装置，风力大于 5 级不宜作业，并设专人监护。

3）检修地段两侧必须有可靠接地，邻近、交跨有带电线路应正确使用个人保险绳，做好防止触电危险的安全措施。

4) 试验时，人员与开关设备应保持足够的安全距离。试验应在天气良好的情况下进行，遇雷雨大风等天气应停止试验，禁止在雨天和湿度大于80%时进行试验，保持设备绝缘清洁。

6.7.2 避雷器 C 类检修状态评价

1. 巡检项目

避雷器状态评价以组为单元，包括本体及引线等部分。各部分的范围划分见表 6-5。

表 6-5　　　　　　　　　　　　避雷器部件范围划分

部件	评价范围
避雷器本体及引线 P_1	避雷器本体、引线及接地

避雷器的评价内容包括：绝缘性能、温度、外观和接地电阻四个方面。具体评价内容详见表 6-6。

表 6-6　　　　　　　　　　　　避雷器各部件评价内容

部件	绝缘性能	温度	外观	接地电阻
避雷器本体及引线 P_1	√	√	√	√

2. 各评价内容包含的状态量

各评价内容包含的状态量见表 6-7。

表 6-7　　　　　　　　　　　　避雷器评价内容包含的状态量

评价内容	状态量
绝缘性能	污秽
温度	温差
外观	完整、接地引下线外观
接地电阻	接地电阻

避雷器的状态量以巡检、家族缺陷、运行信息等方式获取。

避雷器状态评价以量化的方式进行，部件设起评分 100 分，部件的最大扣分值为 100 分，权重见表 6-8。金属氧化物避雷器各状态量的最大扣分值见表 6-9。评分标准见表 6-10。

表 6-8　　　　　　　　　　　　避雷器各部件评价权重

部件	本体及引线
部件代号	P_1
权重代号 K_P	K_1
权重系数	1

表 6－9　　　　　　　　　　　避雷器的状态量和最大扣分值

序号	状态量名称	部件代号	最大扣分值
1	完整	P_1	40
2	温差	P_1	30
3	污秽	P_1	40
4	接地引下线外观	P_1	40
5	接地电阻	P_1	30

表 6－10　　　　　　　　　　　避雷器状态评价评分标准

设备命名（安装位置）：　　　　　　　设备型号：　　　　　　　生产日期：

　　　　　　　　　　　　　　　　　　出厂编号：　　　　　　　投运日期：

序号	部件	状态量	标准要求	评分标准	扣分
1	本体及引线 P_1	完整	无破损	略有破损、缺失扣 10～20 分；有破损、缺失扣 30 分；严重破损、缺失扣 40 分	
2		温差	本体及电气连接部位无异常温升	正常不扣分，异常扣 30 分	
3		污秽	外观清洁	污秽较严重扣 20 分；污秽严重，雾天（阴雨天）有明显放电扣 30 分、有严重放电扣 40 分	
4		接地引下线外观	连接牢固，接地良好。引下线截面不得小于 25mm² 铜芯线或镀锌钢绞线，35mm² 钢芯铝绞线。接地棒直径不得小于 φ12mm 的圆钢或 40×4 的扁钢。埋深耕地不小于 0.8m，非耕地不小于 0.6m	（1）无明显接地扣 15 分，连接松动、接地不良扣 25 分，出现断开、断裂、断裂，扣 40 分。（2）引下线截面不满足要求扣 30 分。（3）接地引线轻微锈蚀［小于截面直径（厚度）10％］扣 10 分，中度锈蚀［大于截面直径（厚度）10％］扣 15 分，较严重锈蚀［大于截面直径（厚度）20％］扣 30 分，严重锈蚀［大于截面直径（厚度）30％］扣 40 分。（4）埋深不足扣 20 分	
5		接地电阻	接地电阻不大于 10Ω	不符合扣 30 分	

$m_1=$　　　；$K_F=$　　　；$K_T=$　　　；$M_1=m_1 \times K_F \times K_T=$　　　；部件评价：

整体评价结果

评价得分：　　　　　　　　$M=M_1$

评价状态：

□正常　□注意　□异常　□严重

注意：异常及严重设备原因分析（所有 15 分及以上的扣分项均在此栏中反映）：

处理建议：

评价：　　　　　　　　　　　　审核：

3. 评价结果

最后得分 $M_P = m_P \times K_F \times K_T$

基础得分 $m_{P(P=1)} = 100 -$ 状态量中的最大扣分值。对存在家族缺陷的，取家族缺陷系数 $K_F = 0.95$，无家族缺陷的 $K_F = 1$。寿命系数 $K_T =$ （100 - 运行年数）/100。

评价结果按量化分值的大小分为"正常状态""注意状态""异常状态"和"严重状态"四个状态。分值与状态的关系见表 6 - 11。

表 6 - 11　　　　　　　　避雷器部件状态与评价得分的关系

85～100（含）分	75～85（含）分	60～75（含）分	60（含）分及以下
正常状态	注意状态	异常状态	严重状态

4. 处理原则

状态评价结果为"正常状态"设备，执行 D 类检修，对"注意状态""异常状态"设备，按《配电设备状态检修导则》（Q/GDW644—2011）的要求进行状态评价处理。

6.8　反事故技术措施要求

（1）避雷器选择及安装应满足设备的保护要求。
（2）避雷器接地电阻应否符合设备规定要求，且每两年进行一次接地电阻测量。
（3）开展每 5 年一次避雷器轮换工作。

6.9　常见故障原因分析、判断及处理

6.9.1　避雷器阀片老化

避雷器阀片老化一般产生于运行过程中。由于避雷器阀片的均一性差，其老化程度不尽相同，就会使阀片电位分布不均匀。运行一段时间后，部分阀片首先劣化，造成避雷器泄漏电流和功率损耗增加。

由于电网电压不变，避雷器内其余正常阀片负担加重，导致其老化速度加快。这样就形成了一个恶性循环，最终导致该避雷器发生内部击穿发生单相接地或者避雷器本体爆炸事故。

造成避雷器阀片老化加速的另外一个原因是避雷器持续运行电压偏低。这将导致运行过程中，特别是系统发生单相接地时，大大加重避雷器负荷，造成阀片快速老化。

防范措施：针对避雷器阀片老化问题，除了要求厂家改进生产工艺，提高阀片的均一性外，还要在设计选型时选择具有足够的额定电压和持续运行电压的避雷器。

6.9.2　阀片侧面高阻层裂纹导致的故障

1. 高阻层裂纹故障事例

2016 年 5 月 27 日，在一起避雷器击穿故障过程中，事故以后通过解体击穿避雷器，

并没有发现内部金属锈蚀现象，也没有发现阀片内部及其喷铝面放电，但是在阀片侧面发现电弧通道，如图 6-6 所示。同时，在避雷器侧面绝缘层发现微细裂纹，这样，就降低了避雷器绝缘强度，使击穿避雷器成为可能。

图 6-6　避雷器高阻层裂纹

2. 造成高阻层裂纹的原因

选取一种有机材料配制的涂料作为高阻层的避雷器绝缘釉，侧面绝缘层可以通过高温烧结而成。避雷器绝缘釉会在阀片的热膨胀系数与侧面高阻层热膨胀系数存在较大差异的情况下，出现一些细微的裂纹，这样就使避雷器绝缘釉的强度有所降低，闪络现象就在过电压下发生。这正是这期故障发生的原因，采用温度比较高的注胶来进行填充，来消除雷器阀片与外绝缘筒间的空腔。由于避雷器阀片与侧面高阻层热膨胀系数之间存在较大差异的缘故，这种情况下，避雷器绝缘釉微裂纹就非常容易在高温注胶时产生。

6.9.3　避雷器内部受潮导致故障分析

1. 内部受潮故障实例分析

2015 年 6 月 25 日，雷雨，10kV 线路发生接地故障进行分析后，在巡视过程中发现避雷器被击穿。在快速更换避雷器后线路送电成功。破裂阀片（硅橡胶外套）侧面有明显闪络痕迹，这在故障避雷器进行拆解后比较明显，如图 6-7 所示，其中锈蚀现象出现在内部金属件，而放电踪迹则不在阀片喷铝面出现，阀片破裂或破碎并没有发生。这也说明了，对于阀片本身来说，并没有发生劣化现象。因为在劣化现象发生后的避雷器击穿的现象不一样，应该不表现为侧闪，而是表现为阀片爆炸。本例避雷器阀片与绝缘筒间存在气隙，这样就使得潮气在空腔的呼吸作用下更为容易进入，运行人员认为沿阀片侧面发生闪络后，在过电压作用下，能够形成电弧通道。

2. 避雷器内部受潮原因分析

避雷器自身的质量问题是其内部受潮的主要原因。具体分析产生这样的原因包括以下几个方面：①在避雷器生产过程中密封时有可能在生产与装配的安装环境湿度超标所致；②部分潮气滞留在阀片及内部零部件上，烘干不彻底所致；③密封圈在装配时漏放、放偏，或者杂物在密封圈与瓷套密封封面之间存在都影响避雷器内部受潮。

图 6-7　避雷器内部受潮

6.9.4　雷电冲击电流导致的故障

1. 雷电冲击的故障事例

2016 年 6 月 8 日，10kV 线路发生接地故障进行分析，其中在巡视中发现一个避雷器爆裂，现场图片如图 6-8 所示，送电线路在更换避雷器后送电成功。在对于故障避雷器进行相关的解体后发现，硅胶外套出现破裂现象，对于阀片进行仔细检查后发现两片破碎，两片裂开，但是没有看见侧闪痕迹。这种现象说明雷电过电压直接作用于这个避雷器，这样对于阀片耐受雷电冲击能力较差的该避雷器来说，在雷电流作用下的阀片破裂就不可避免，同时也引起了其余阀片破碎以及相关外套管爆开等问题。

2. 雷电冲击的故障的原因分析与思考

避雷器应能耐受两次 65kA（或 40kA）的雷电流冲击，这是避雷器国家标准。由于避雷器中流过雷电流有两种途径，即雷电直击和沿线路来波，所以 10kV 系统中避雷器不可能流过超过 65kA（或 40kA）的雷电流。对于超过 10kV 线路耐雷水平的 65kA（或 40kA）的雷电流来说，这个不可能成立的；当雷直击杆塔的情况下，雷电流可能超过 65kA（或 40kA），同时应该注意，此值远远超过 10kV 杆塔反击耐雷水平，所以，就会出现线路多相闪络现象，这样就会引起相间短路速断跳闸。对于线路单相接地这个故障来说，没有进行速断跳闸现象，所以，雷电直击产生的雷电流不可能超过 65kA（或 40kA）。

对于雷电流是冲击电流波来说，不同电流下的故障表象及阀片仔细分析可以得出，避雷器遭受到雷电过电压作用而使阀片中流过雷电流是阀片损坏原因，同时，阀片中的电流密度

图 6-8　避雷器爆裂故障现场图片

也是比较大的。不是均匀分布的冲击电流在阀片，阀片就会遭破坏是因为更容易使得局部阀片的雷电冲击电流密度超过其允许极限值。阀片破碎、爆炸只有在电流能量很大的情况下形成，在电流能量不太大情况下，一般造成阀片破裂。这里分析阀片破碎原因如下：系统电压一般情况下是由避雷器内 4 片阀片共同构成承担，但是当其中的 2 片破裂恶化后，其余 2 片就承担全部的系统电压，这样使得劣化程度进一步加重，最后工频电压下阀片会遭到破坏。当能量较大的工频电源下，就会出现阀片的破碎或者爆炸。

6.9.5　对策措施

结合上述分析的 10kV 配电避雷器故障相关原因，结合实际工作中的经验，对于避雷器故障对策措施分析如下。

（1）避雷器要可靠接地。避雷器的接地螺栓与避雷器的接地线直接固定，然后有效地接地是按照横担、沿接地引下线进行，牢固、可靠进行各个部位的链接，确保整个系统接地良好。焊接、爆压方式进行连接处处理，同时应该牢固可靠进行螺栓连接，而不应该采用缠绕、绑扎等连接方式。

（2）加强反映阀片的能量耐受能力，即阀片大电流冲击耐受能力不小于 65kA。

（3）以基础热像为根据的红外诊断的方法，在结合结构及传导热能途径的基础上，可以有效对于故障状态下的热场，温度升高变化，避雷器缺陷等问题进行有效分析，同时进一步参考相关测量结果，对于避雷器有无内部或外部故障进行有效诊断，这样有利于工作人员进行避雷器的更换工作。

（4）避雷器的制造技术和工艺应该要求有关制造厂家提高技术水平，把握好关键部件的性能指标，比如密封材质和性能指标、产品的密封结构等方面。作为核心元件——电阻片的抗潮能力也应该进一步提高。另外，对于密封问题的检漏检测水平也应该重视，使得产品的质量检验工作进一步提高，从而使避雷器性能全面提高，使得在运行中的可靠性得以保证。

第7章 柱上电容器

电容器主要用于电力系统和电工设备。任意两块金属导体，中间用绝缘介质隔开，就可以构成一个电容器。电容器电容的大小，由其几何尺寸和两极板间绝缘介质的特性来决定。当电容器在交流电压下使用时，常以其无功功率表示电容器的容量，单位为 var 或 kvar。

7.1 基 础 知 识

7.1.1 电容器的基本结构

基本结构主要由电容元件、浸渍剂、紧固件、引线、外壳和套管组成。电容器外观及结构如图 7-1 所示。

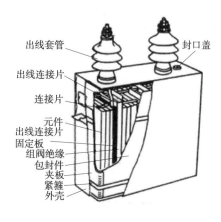

（a）实物图　　　　　　　　　　（b）内部结构图

图 7-1　电容器外观及结构

1. 电容元件

用一定厚度和层数的固体介质与铝箔电极卷制而成。若干个电容元件并联和串联起来，组成电容器芯子。电容元件用铝箔作电极，用复合绝缘薄膜绝缘。电容器内部绝缘油作浸渍介质。在电压为 10kV 及以下的高压电容器内，每个电容元件上都串有熔丝，作为电容器的内部短路保护。当某个元件击穿时，其他完好元件即对其放电，使熔丝在毫秒级的时间内顺速熔断，切除故障元件，从而使电容器能继续正常工作。

2. 浸渍剂

电容器芯子一般放于浸渍剂中，以提高电容元件的介质耐压强度，改善局部放电特性和散热条件。浸渍剂一般有矿物油、氯化联苯、SF_6 气体等。

3. 外壳和套管

外壳一般采用薄钢板焊接而成，表面涂阻燃漆，壳盖上焊有出线套管，箱壁侧面焊有吊攀、接地螺栓等。大容量集合式电容器的箱盖上还装有油枕或金属膨胀器及压力释放阀，箱壁侧面装有片状散热器、压力式温控装置等。接线端子从出线套管中引出。

4. 电容器的型号

电容器的型号由字母和数字两部分组成（图 7-2）。

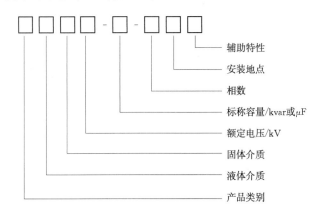

图 7-2　电容器型号的组成

各部分的说明如下：

（1）产品类别中，B 表示并联；C 表示串联；O 表示耦合。

（2）液体介质中，Y 表示矿物油；W 表示十二烷基苯；F 表示二芳基乙烷；B 表示异丙基联苯；G 表示苯甲基硅。

（3）固体介质中，F 表示纸、薄腊复合纸；M 表示聚丙烯薄膜；无标记表示电容器纸。

（4）相数中，1 表示单相；3 表示三相。

（5）安装地点中，W 表示户外型；无标记为户内型。

（6）辅助特性中，R 表示内有熔丝；TH 表示湿热型。

如 BFM10.5-100-3W，B 表示并联电容器；F 表示浸渍剂为二芳基乙烷；M 表示全聚丙烯薄膜介质；10.5 表示额定电压（kV）；100 表示额定容量（kvar）；3 表示相数（三相）；W 表示户外型。

7.1.2　电容器的种类和作用

（1）并联电容器。该电容器又称为移相电容器，主要用来补偿电力系统感性负载的无功功率，以提高系统的功率因数，改善电能质量，降低线路损耗。

（2）串联电容器。该电容器又称为纵向补偿电容器，串联于工频高压输、配电线路中，主要用来补偿线路的感抗，以提高线路末端电压水平，提高系统的动、静态稳定性，改善线路的电压质量，增长输电距离和增大电力输送能力。

（3）耦合电容器。该电容器主要用于高压及超高压输电线路的载波通信系统，同时也可作为测量、控制、保护装置中的部件。

（4）均压电容器。该电容器又称为断路器电容器，一般并联于断路器的断口上，使各断口间的电压在开断时分布均匀。

（5）脉冲电容器。该电容器主要起储能作用，用作冲击电压发生器、冲击电流发生器、断路器试验用振荡回路等基本储能元件。

7.1.3 电容器的接线方式

接线方式分为三角形联结和星形联结（图7-3），此外，还有双三角形和双星形之分。

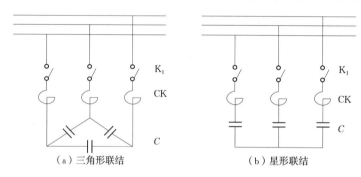

（a）三角形联结　　　　　　（b）星形联结

图7-3 三角形联结和星形联结

1. 三角形联结

当电容器额定电压按电网的线电压选择时，应采用三角形联结。

相同的电容器，采用三角形联结，因电容器上所加电压为线电压，所补偿的无功容量则是星形联结的3倍。若是补偿容量相同，采用三角形联结比星形联结可节约电容值2/3，因此在实际工作中，电容器组多接成三角形联结。补偿方式分为低压分散（或就地）补偿、低压集中补偿、高压补偿几种。

2. 星形联结

当电容器额定电压低于电网的线电压时，应采用星形联结。

在高压电力网中，星形联结的电容器组目前在国内外得到广泛应用。星形联结电容器的极间电压是电网的相电压，绝缘承受的电压较低，电容器的制造设计可以选择较低的工作场强。当电容器组中有一台电容器因故障击穿短路时，由于其余两健全相得阻抗限制，故障电流将减小到一定范围，并使故障影响减轻。

星形联结的电容器组结构比较简单、清晰，建设费用经济，当应用到更高电压等级时，这种联结更为有利。

星形联结的最大优点是可以选择多种保护方式。少数电容器故障击穿短路后，单台的保护熔丝可以将故障电容器迅速切除，不致造成电容器爆炸。

由于上述优点，各电压等级的高压电容器组现已普遍采用星形联结。

3. 双星形联结

高压电力系统的电容器组除广泛采用星形联结外，双星形联结也在国内外得到广泛应用。所谓双星形联结，是将电容器平均分外两个电容相等或相近的星形联结电容器组，并联到电网母线，两组电容器的中性点之间经过一台低变比的电流互感器连接起来。

这种接线可以利用其中性点连接的电流保护装置，当电容器故障击穿切除后，会产生不平衡电流，使保护装置动作将电源断开，这种保护方式简单有效，不受系统电压不平衡或接地故障的影响。

大容量的电容器组，如单台容量较小，每相并联台数较多者可以选择双星形联结。如电压等级较高，每相串联段数较多，为简化结构布局，宜采用单星形联结。

7.1.4 电容器的补偿方式

1. 集中补偿

把电容器组集中安装在变电所的一次或二次侧母线上，并装设自动控制设备，使之能随负荷的变化而自动投切，电容器集中补偿接线图如图7-4所示。

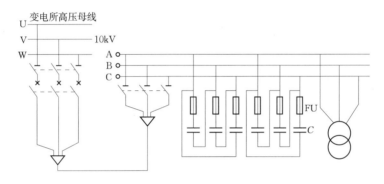

图7-4 高压集中补偿电容接线图

电容器接在变压器一次侧时，可使线路损耗降低，一次电压升高，但对变压器及其二次侧没有补偿作用，而且安装费用高；电容器安装在变压器二次侧时，能使变压器增加出力，并使二次电压升高，补偿范围扩大，安装、运行、维护费用低。

（1）优点：电容器的利用率较高，管理方便，能够减少电源线路和变电所主变压器的无功负荷。

（2）缺点：不能减少低压网络和高压配出线的无功负荷，需另外建设专门房间。工矿企业目前多采用集中补偿方式。

2. 分组补偿

将全部电容器分别安装于功率因数较低的各配电用户的高压侧母线上，可与部分负荷的变动同时投入或切除。

采用分组补偿时，补偿的无功负荷不再通过主干线以上线路输送，从而降低配电变压器和主干线路上的无功损耗，因此分组补偿比集中补偿降损节电效益显著。这种补偿方式补偿范围更大，效果比较好，但设备投资较大，利用率不高，一般适用于补偿容量小、用电设备多而分散和部分补偿容量相当大的场所。

（1）优点：电容器的利用率比单独就地补偿方式高，能减少高压电源线路和变压器中的无功负荷。

（2）缺点：不能减少干线和分支线的无功负荷，操作不够方便，初期投资较大。

3. 个别补偿

即对个别功率因数特别不好的大容量电气设备及所需无功补偿容量较大的负荷，或由较长线路供电的电气设备进行单独补偿。把电容器直接装设在用电设备的同一电气回路中，与用电设备同时投切。图7-5中的电动机同时又是电容器的放电装置。

用电设备消耗的无功负荷就地补偿，能就地平衡无功电流，但电容器利用率低。一般适用于容量较大的高、低压电动机等用电设备的补偿。

（1）优点：补偿效果最好。

（2）缺点：电容器将随着用电设备一同工作和停止，所以利用率较低、投资大、管理不方便。

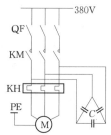

图7-5　电容器个别补偿接线图

7.2　基本结构与工作原理

7.2.1　柱上电容器成套装置的基本结构

柱上电容器成套装置由跌落式熔断器、氧化锌避雷器、电压互感器型电源变压器、电容器投切专用高压真空接触器、电流互感器、高压并联电容器、户外高压无功补偿器及箱体等组成。柱上电容器成套装置一次接线如图7-6所示。

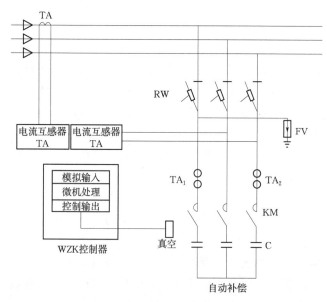

图7-6　柱上电容器成套装置一次接线

RW—跌落式熔断器；TA—电流互感器；KM—高压真空接触器；C—高压并联电容器；

FV—氧化锌避雷器；WZK—高压无功补偿器

118

7.2.2 柱上电容器成套装置的工作原理

（1）合上跌落式熔断器，装置高压电源接通、二次回路220V电源接通、控制器开始工作，当线路的电压、功率因数或运行时间处于预先设定的投切范围时，控制器接通高压真空接触器操作电源，接触器吸合，将电容器组投入运行。当线路的电压或功率因数或运行时间处于切除范围时，控制器接通跳闸回路的中间继电器，真空接触器跳闸，将电容器组退出运行，从而实现电容器的自动投切，达到提高功率因数、降低线损、节约电能、改善电压质量的目的。

（2）当线路电压高于过电压保护整定 $[(1.1 \sim 1.3)\ U_n]$ 时，控制器延时30s将真空接触器跳闸，电容器组退出运行（如果在30s内，线路电压恢复正常，接触器不跳闸）。接触器跳闸后，当线路电压恢复正常，控制器将延时10min使接触器重新合闸，电容器组投入运行。

（3）当线路电压降到 $0.6U_n$ 以下时延时 $0.2 \sim 0.5s$、失压时延时 $0.2 \sim 0.5s$，接触器跳闸。当线路电压恢复正常时，控制器将延时10min使接触器重新合闸，电容器组投入运行。

（4）当电容器组电流超过过电流保护整定 $[(1.4 \sim 1.5)\ I_n]$ 时，控制器延时5s使接触器跳闸。当电容器组相间击穿时，接触器延时 $0.2 \sim 0.5s$ 跳闸，同时控制器自行闭锁。

（5）当装置出现相间短路时，由跌落式熔断器快速切除故障相，同时接触器延时 $0.2 \sim 0.5s$ 跳闸，并不再投入。

7.3 安 装

收到产品后，应详细阅读使用说明书，并按相应的验收项目进行检验，确认合格后才能进行安装，电容器装置安装前，根据装箱单检查所有设备和部件是否完整、有关随机文件是否齐全，以及是否有在运输过程中损坏，特别是绝缘子（瓷瓶）。设备不能长期在原始包装中保存，对有特殊要求的设备，应按要求储存。应打开包装，储存在干燥及良好通风条件的地方，避免天气及化学物质的影响。应小心开箱，严格避免碰撞或压倒瓷瓶等易碎件。

安装前，应按设备的技术和相关标准进行检查。安装中应注意：

（1）装置安装应按接线原理图、装配图和各部件安装使用说明书进行。

（2）装置安装时应合理选用起吊设备，采取相应措施，防止电器设备损坏，确保人身安全。

（3）装置安装时，严禁搬动装置顶部套管，以防损坏，严禁用金属物敲打装置，防止磕碰和损伤油漆层，以免影响防护性能和装置使用寿命。

（4）装置安装示意图如图7-7所示，正确连接导线，接线端子与导电杆连接应紧密可靠，在端子与螺帽间，加装平面垫片和弹簧垫片。导线连接必须符合GB50173及有关规程要求，杆上控制取样用电流互感器应安装在靠变电站方向端，且与电压互感器安装在不同的相线上。

（5）装置外壳底部安装槽钢上焊有接地螺母，为保证人身安全，此处应确保接地牢固可靠。

设备投运前，应进行最终检查。检查各设备安装、接线的准确性；检查操作是否灵活可靠；检查设备功能的完整性，安装示意图如图7-7所示。

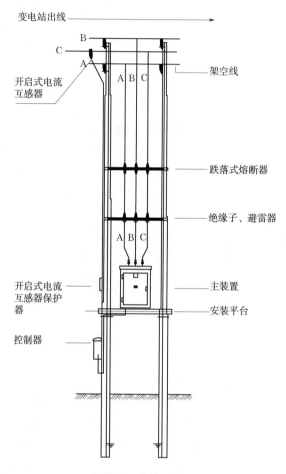

图7-7 安装示意图

注：1. 开启式电流互感器必须安装在C相馈线上，并且安装在主装置前，互感器P₁朝向变

电站。详细安装方法请看看厂家提供的使用说明书。

2. 主装置进线必须对应ABC相序接入。

3. 现场安装杆距可根据实际适当调整。

7.4 验 收 及 验 收 标 准

7.4.1 基础验收

电力电容器基础水平，支架坡度不应大于1/100，外壳及支架的接地应可靠，接地电阻值符合规定。

7.4.2 柱上电容器成套装置的验收

（1）电力电容器外壳应无显著变形，外表无锈蚀，无渗漏油现象。

（2）设备铭牌清楚并且内容完整。

（3）套管芯棒应无弯曲或滑扣。

（4）电容器组的布置与接线应正确，引出端子连接牢固，螺母、垫圈齐全。

（5）三相电容量误差不应超过三相平均电容值的 5%，设计有要求时，应符合设计的规定。

7.4.3 柱上跌落式熔断器的验收

（1）瓷件良好，转轴灵活，铸件不应有裂纹、砂眼，熔丝管不应有裂纹、变形。安装应牢固，排列整齐，高低一致。

（2）跌落式熔断器的轴线应于铅直线成 15°～30°倾角；跌落时不应碰及其他物体。

（3）铜铝连接处，应装设铜铝过渡线夹。

（4）动作灵活可靠，熔丝管应紧密地插入钳口内，并应有一定的压缩行程。

（5）熔丝的规格应符合设计要求，且无弯曲、压扁或损伤，熔丝与尾线应压接紧密牢固。

7.4.4 避雷器的验收

（1）避雷器外观应无裂纹、损伤，整体密封完好。

（2）应尽量靠近被保护设备垂直安装，装设在负荷熔丝侧；

（3）安装牢固，水平排列整齐，相间距离：1～10kV 时，不小于 350mm。

（4）接地引下线应短而直，连接要紧密，不准套入铁管中，应与热镀锌接地装置用螺栓连接，接触要良好。与电气部分连接，不应使避雷器产生外加应力。

7.4.5 柱上电容器成套装置投切方式的设置与调整

投切方式的设置及继电保护的调整按照高压无功补偿控制器说明书进行，在现场接入交流 220V 电源进行预先设置与调整。

电压互感器变比：10000/220（100）V。

电流互感器变比：150/5A。

过电压保护定值：1.1～1.3 倍装置额定电压，延时 30s 动作。

欠电压保护定值：60% 装置额定电压及以下时，延时 0.2～0.5s 动作。

过电流保护定值：1.4～1.5 倍装置额定电流，延时 5s 动作；大于或等于 3 倍装置额定电流时，延时 0.2～0.5s 动作。

7.4.6 柱上电容器成套装置试投运及操作方法

1. 电容器的试投运

合上跌落式熔断器（A、C 相先合，B 相最后合），控制器电源接通，记录电压时及时间，10min 后断路器自动合闸，电容器投入运行。控制器分别记录电压值和各相的电流值，试运行 5～10min 后，按下装置的分闸按钮，接触器跳闸，切除电容器，拉下跌落式熔断器，对装置进行检查，无异常后方可正常投运。

2. 电容器的操作方法

（1）电容器的停电操作。电容器停电操作时应先断开电容器开关，在拉开各路出线开关。每次停电后，必须经过放电装置放电，待电荷消失后再合闸，电容器停电，除电容器自动放电外，还应进行人工放电。在人员接触电容器之前，都必须将电容器的端子短路并接地。

（2）电容器的送电操作。电容器在送电前应用绝缘电阻表检查放电装置，送电操作时应先合上各路出线开关后，再合上电容器开关。电容器组禁止带电荷合闸，电容器组再次合闸时，必须在开关断开 3min 之后才可以进行。

7.5 状 态 检 修

7.5.1 状态检修原则

状态检修应遵循“应修必修，修必修好”的原则，依据设备状态评价的结果，考虑设备风险因素，动态制定设备的检修计划，合理安排状态检修的计划和内容。

柱上电容器成套装置状态检修工作内容包括停电、不停电测试和试验以及停电、不停电检修维护工作。

状态评价应实行动态化管理，每次检修和试验后应进行一次状态评价。

新设备投运后 1～2 年，应安排例行试验，同时还应对设备及其附件（包括电气回路及机械部分）进行全面检查，收集各种状态量，并进行一次状态评价。

对于运行达到一定年限，故障或发生故障概率明显增加的设备，宜根据设备运行及评价结果，对检修计划及内容进行调整。

7.5.2 状态检修分类及项目

柱上电容器依据评价结果及现场情况，按注意、异常、严重状态，检修工作分为 4 类：A 类检修、B 类检修、C 类检修、D 类检修。其中 A、B、C 类是停电检修，D 类是不停电检修。

（1）A 类检修。A 类检修是指并联电容器装置的整体性检查、维修、更换和试验。

（2）B 类检修。B 类检修是指并联电容器装置的局部性维修，部件的解体检查、维修、更换和试验。

（3）C 类检修。C 类检修是对并联电容器装置进行的常规性检查、维修和试验。

（4）D 类检修。D 类检修是对并联电容器装置在不停电状态下进行的带电测试、外观检查和维修。

正常状态柱上电容器检修按 C 类检修执行。检修项目、检修内容、技术要求见表 7-1。

表 7-1　　　　　　　　　　　正常状态柱上电容器检修按 C 类检修

检修项目	检修内容	技术要求	备注
外观	清扫或更换闪络、裂纹、破损和严重脏污的绝缘件	绝缘件无闪络、裂纹、破损和严重脏污	停电检查电容器各控制
	检查支架是否牢固、紧固螺栓、螺母，更换磨损或腐蚀部件	支架牢固，各部分连接正常、无腐蚀	
本体	触头等电气连接处是否紧固、有无因电弧、机械负荷等作用出现的破损或烧损及热氧化现象	触头等电气连接处紧固、无放电及氧化现象	
	更换烧毁或过热的熔丝	熔丝正常	
	更换渗油、胀、腐蚀电容	无渗、漏油；外壳无膨胀、锈蚀	
操作机构状态检查	连续操作 2 次闭合到位	操作机构状态正常，闭合到位	
	检查操作是否卡涩，有无异常声音，并对操作机构机械轴承等部件进行润滑	操作顺畅、无异常声音	
标识	标识是否齐全、正确	设备标识和警示标识齐全、清晰、准确	
绝缘电阻试验	电容器本体及套管绝缘电阻试验	20℃时高压并联电容器极对壳绝缘电阻不小于 2000MΩ，且与同类电容器相比无显著差异	采用 2500V 兆欧表
电容量	电容量测量	初值差不超过 -5%～5% 范围（警示值）	建议采用专用的电容表测量

柱上电容器分为本体、导电连接点、接地及引下线、外观等四类部件进行检修。注意、异常、严重状态电容器检修类别、检修内容、技术要求见表 7-2。

表 7-2　　　　　　　　　　　注意、异常、严重状态电容器检修

部件	缺陷	状态	检修类别	检修内容	技术要求	备注
套管及接线端子	套管绝缘电阻不合格	严重	A、B 类	停电更换绝缘电阻异常部件	（1）20℃时绝缘电阻标准 300MΩ。（2）绝缘电阻与历史数值相比不应有明显变化	
	套管及接线端子导电连接点温度、相对温差异常	注意	A、C 类	（1）检修导电连接点：拆除导线连接点，清除污物，用砂纸打磨除锈，涂抹专用电力复合脂（导电膏），重新安装螺栓，必要时增加连接孔数。（2）更换锈蚀、灼烧严重的导线连接点螺栓、线夹	（1）相间温差小于 10K。（2）接头温度小于 75℃	
		异常				
		严重				
	套管及接线端子外观破损	异常	A 类	采用轮换方式整体更换	外观破损	
		严重				
	套管及接线端子外观严重污秽	注意	C 类	清扫：用干净的毛巾擦拭套管，用清洗剂擦拭污秽严重的套管及接线端子	套管及接线端子外观无污秽	
		异常				
		严重				

部件	缺陷	状态	检修类别	检修内容	技术要求	备注
控制机构	电容器控制机构连续操作3次指示和实际不一致	严重	B、C类	(1) 停电检修操作机构。 (2) 停电更换操作机构部件。	电容器连续操作3次指示和实际一致	
	电容器控制机构严重锈蚀	严重	A类	停电检修或更换电容器控制机构	电容器控制机构无锈蚀	
	电容器控制机构控制器显示错误	严重	A类	停电检修或更换显示器接线或显示部件	电容器控制机构控制器显示正常	
电容器本体	电容本体温度异常	注意	B类	(1) 停电更换温度异常接线、电容等部件。 (2) 停电更换温度异常电容器	相间温差小于10K	
		异常				
		严重				
	电容器外观异常（渗漏、鼓肚）	严重	B类	停电更换渗漏、鼓肚电容	电容器外观无异常	
	电容值超标	严重	B类	停电更换电容值超标电容	电容值在允许值内	
	电容器本体严重锈蚀	严重	B类	停电更换锈蚀电容	电容器本体无锈蚀	
标识	设备标识和警示标识不全、模糊、错误	注意	D类	更换	设备标识和警示标识齐全、清晰、无误	
		异常				
接地	接地体连接不良，埋深不足	注意	D类	(1) 修补接地体连接部位及接地引下线。 (2) 增加接地埋深：开挖接地后重新敷设接地体	接地体连接正常，埋深满足设计要求	接地引下线外观检查
		异常				
		严重				
	接地电阻异常	异常	D类	增加接地体埋设：敷设新的接地体应与原接地体连接	接地电阻大于10Ω	

7.6 巡视项目及要求

1. 电容器成套装置正常巡视项目及标准

（1）检查瓷绝缘有无破损裂纹、放电痕迹，表面是否清洁。

（2）连接引线是否过紧过松，设备连接处有无松动、过热。

（3）电容器本体外观无异常，无渗漏、鼓肚、锈蚀现象，内部无异声。外壳温度不超过50℃。

（4）电容器编号正确，各接头无发热现象。

（5）设备标识和警示标识齐全、清晰、无误。

（6）氧化锌避雷器和装置外壳接地应与接地体连接牢固可靠，埋深满足设计要求，接地电阻不大于10Ω。

（7）装置运行情况应1～2个月观察一次，检查运行电压及各相电流或功率因数是否正常，电气设备及电气连接线是否有异常现象等。

2.特殊巡视项目及标准

（1）雨、雾、雪、冰雹天气应检查绝缘子有无破损裂纹、放电现象，表面是否清洁；冰雪融化后有无悬挂冰柱，桩头有无发热；大风后应检查设备和导线上有无悬挂物，有无断线。

（2）大风后检查连接引线是否过紧过松，设备连接处有无松动、过热。

1）雷电后应检查绝缘子有无破损裂纹、放电痕迹。

2）环境温度超过或低于规定温度时，各接头有无发热现象。

3）发现跌落式熔断器断开时，在没有找出原因并正确处理之前，不得再次合闸，继电保护动作跳闸并自锁，没有找出原因并正确处理前，不得再次合闸，应检查电容器有无烧伤、变形、移位等，导线有无短路；电容器温度、音响、外壳有无异常。熔断器、电容器成套装置、电缆、避雷器等是否完好。

4）应对安装处的谐波情况进行测量，如超过标准规定，引起装置过电流而跳闸并自锁，导致装置不能正常运行，应采取措施抑制谐波，检查电容器有无放电、温升无异常后才能投运。

7.7 检 修

1.危险点分析及防范措施

（1）触电危险：工作前必须将工作地段线路停电、验电、挂接地线；杆上作业人员应使用个人保险绳等个人安全防护措施；检修前电容器未逐个多次放电接地，可能会造成检修人员遭电击。检修前应对电容器逐个多次放电并接地；雷电时严禁施工。

（2）高空坠落：高空作业应使用安全带，戴安全帽；杆上转移作业位置时，不得失去安全带的保护；安全带要系在牢固的主材上。

（3）高处坠物伤人：现场人员必须戴好安全帽；电杆上作业防止掉东西，使用工器具、材料等放在工具袋内，工器具的传递要使用传递绳。

2.检修作业项目及工艺标准

（1）拆除电容器成套装置各设备一次接头，清除污物，用砂纸打磨除锈，涂抹专用电力复合脂（导电膏），重新安装螺栓，必要时增加连接孔数，更换锈蚀、灼烧严重的导线连接点螺栓、线夹，拆头时要防止工器具碰伤瓷件。

（2）检查清扫瓷件无裂纹、损坏及放电痕迹，瓷件表面清洁无污物；检查电容器外观，电容器应无鼓肚、锈蚀和渗漏油。

（3）电容器组各设备一次接头检查，接触面应清拭干净，除去氧化膜和油漆，涂电力复合脂；各连接搭头螺栓应紧固，接触良好；套管接头不应受力，接线正确。接头时要防止工器具碰伤瓷件。

（4）连续操作2次闭合，操作机构状态正常，闭合到位，检查操作是否卡涩，有无异常声音，并对操作机构机械轴承等部件进行润滑。

（5）机械闭锁、电气闭锁应闭锁完好。

（6）电容量测量，不超过−5％～5％范围（警示值）。

（7）跌落式熔断器瓷件良好，转轴灵活，铸件不应有裂纹砂眼，熔丝管不应有裂纹、变形，动作灵活可靠，熔丝管应紧密地插入钳口内，并应有一定的压缩行程，熔丝的规格应符合设计要求，且无弯曲、压扁或损伤，熔丝与尾线应压接紧密牢固。

（8）避雷器外观应无裂纹、损伤，整体密封完好，与电气部分连接，不应使避雷器产生外加应力。

（9）组织有关检修人员对检修设备进行自验收，做到无漏检项目；检查现场安全措施有无变动，补充安全措施是否拆除，要求现场安全措施与工作票中所载相符；检查操作电源等设备是否已恢复至工作许可时状态，要求恢复至工作许可时状态。

7.8　反事故技术措施要求

（1）氧化锌避雷器和接地装置外壳接地应牢固可靠。

（2）装置在运行时严禁用跌落式熔断器切除装置电源。

（3）必须在断开跌落式熔断器10min后，用带有绝缘手柄的导体使电容器短路充分放电后，再将其端子短路接地，才能进行检修。

（4）在接通装置电源后，严禁人身接近装置进行操作或检修。

（5）在切除电容器后，10min内严禁按合闸按钮。

（6）定期进行电容器组单台电容器电容量的测量，推荐使用不拆连接线的测量方法，避免因拆装连接线导致套管受力而发生套管渗漏油的故障。

（7）在电容器采购中，应要求生产厂提供供货电容器局部放电试验抽检报告。局部放电试验报告必须给出局部放电起始电压、局部放电量和局部放电熄灭电压。其中，局部放电起始电压应不小于$1.5U_n$，局部放电量（$1.5U_n$下）应不大于100pC，局部放电熄灭电压应不小于$1.2U_n$。

7.9　常见故障原因分析、判断及处理

7.9.1　电容器的常见异常现象

电容器在运行时，一般是没有声音的，但有时会例外。产生声音的原因大致有以下几种情况：

（1）套管放电。电容器的套管为装配式，若露天放置时间过长，雨水进入两层套管之间，加上电压后，就有可能产生噼噼啪啪的放电声。此时可将电容器停运并放电后把外套管卸出，擦干重新装好后即可。

（2）缺油放电。电容器内如果严重缺油，以至于使套管的下端露出油面，这时就有可能发出放电声。为此，应添加各种规格的电容器油。

（3）脱焊放电。电容器内部若有虚焊或脱焊，则会在油内闪络放电。如果放电声不止，则应拆开修理。

（4）接地不良放电。电容器芯子与外壳接触不良时，会出现浮动电压，引起放电声，这时，只要将电容器停运并放电后进行处理，使其芯子和外壳接触好，并可使放电声消失。

（5）电容器绝缘子表面闪络放电。运行中电容器绝缘子闪络放电，其原因是绝缘子有缺陷，表面沾污，因此运行中应定期进行清扫检查，对污秽地区不宜安装室外电容器。

（6）渗漏油。并联电容器渗漏油是一种常见的异常现象，其原因是多方面的，主要是出厂产品质量不良；运行维护不当；长期运行缺乏维修导致外皮锈蚀而造成电容器渗漏油。

（7）电容器外壳膨胀。高电场作用下使得电容器内部的绝缘（介质）物游离而分解出气体或部分元件击穿电极对外壳放电等原因，使得电容器内部压力增大，导致电容器的外壳膨胀变形，这是运行中电容器故障的征兆，应及时处理，避免故障变大。

（8）异常声响。电容器在正常运行情况下无任何声响。因为电容器是一种静止电气又无励磁部分不应该有声音，如果运行中，发现有放电声或其他不正常声音说明电容器内部有故障，应立即停止运行。

（9）电容器爆破。运行中的电容器爆破是一种恶性事故，一般在内部元件发生极间或对外壳绝缘击穿时，与之并联的其他电容器将对该电容器释放很大的能量，这样就会使电容器爆炸以致引起火灾。

（10）电容器温升高。主要原因是电容器过电流和通风条件差造成的。如电容器安装不合理造成的通风不良；电容器长时间过电压运行造成电容器的过电流、整流装置产生的高次谐波使电容器过电流等。此外，电容器内部元件故障、介质老化、介质损耗增大都可能导致电容器温升过高。电容器温升高影响电容器的寿命，也有导致绝缘击穿使电容器短路的可能。因此，运行中因严格监视和控制电容器的环境温度，如果采取措施后仍然超过允许温度时，应立刻停止运行。

7.9.2　电容器的常见故障及处理

（1）并联运行电容器单台击穿故障。多组电容器并联运行时，只要其中有一台发生了击穿，其余各台就会同时通过这台放电，放电能量很大，脉冲功率很高时，电容器油迅速气化，引起爆炸，甚至起火，为了防止这种事故的发生，可在每台电容器上串联适当的电抗器或熔丝，然后并联运行。

（2）电容器喷油、爆炸着火故障。当电容器喷油、爆炸着火时，应立即断开电源，并用砂子或干式灭火器灭火。此类事故多是由于系统内、外过电压，电容器内部严重故障所引起的，为了防止此类事故发生，要求单台熔断器熔丝规格必须匹配，熔断器熔丝熔断后要认真查找原因，电容器组不得使用重合闸，跳闸后不得强送，以免造成更大损坏的事故。

（3）电容器的断路器跳闸而分路熔丝未断故障。电容器的断路器跳闸，而分段熔断器熔丝未熔断，应对电容器放电 3min 后，再检查熔断器、电流互感器、电力电缆及电容器外部等情况，若未发现异常，则可能是外部故障或电压波动所致，并检查正常后，可以试投运，否则应进一步对保护做全面的通电试验。通过以上的检查、试验，若仍找不出原因，则应拆开电容器组，并逐台进行检查试验。但在未查明原因之前，不得试投运。

（4）电容器熔丝熔断故障。当电容器的熔断器熔丝熔断时，应向值班调度员汇报，待取得同意后，再断开电容器的断路器。在切断电源并对电容器放电后，先进行外部检查，如套管的外部有无闪络痕迹、外壳是否变形、漏油及接地装置有无短路等，然后用绝缘电阻表遥测极间及极对地的绝缘电阻值。如未发现故障迹象，可换好熔丝后继续投入运行。如经送电后熔断器熔丝仍熔断，则应退出故障电容器，并恢复对其他部分的送电运行。

（5）处理故障电容器应注意的安全事项。处理故障电容器应在断开电容器的断路器，并对电容器组经放电电阻放电后进行。经放电电阻放电以后，由于部分残存电荷一时放不尽，仍应进行一次人工放电，放电时先将接地线接地端接好，再用接地棒多次对电容器放电，直至无放电火花及放电声为止，然后将接地端固定好。由于故障电容器可能引发引线接触不良、内部断线或熔丝熔断等，因此有部分电荷可能未放尽，所以检修人员在接触故障电容器之前，还应戴上绝缘手套，先用短路线将故障电容器两极短接，然后方能手动拆卸和更换。

第8章 柱上计量箱

柱上计量箱也称组合互感器适用于交流 50～60Hz，10kV 中性点不直接接地的电力系统中，供电压、电流、电能和功率的测量用。

8.1 基 础 知 识

柱上计量箱为三相整体浇注式，由电压互感器与电流互感器组成，通过 V/V 接线组成三相装置。通过电磁感应原理，将高电压转换成低电压，大电流转换成小电流，与电能表匹配从而实现对高压电路的计量。

柱上计量箱采用户外环氧树脂一次性浇注成形的全封闭、全工况、免维护产品。耐候性强，具有较强的抗污能力，只需定期擦拭表面灰尘即可。表面爬电距离大，适用于高温、高湿地区使用。具有抗短路能力强，能承受较大的动热稳定电流。考虑到变电站计量点到控制室距离较远、二次阻抗较大的因素，本系列产品加大了二次容量。并能满足变电站对互感器无油化、高动热稳定、大容量、复变比的要求。具有较强的反窃电功能。互感器的二次接线盒全部装有铅封螺钉，防止私自拆开二次接线盒窃电。二次侧引出线要求用铠装电缆。为了防止窃电分子改换铭牌窃电。互感器的本体上铸有电流变比以利于抄表人员核实。

8.2 基 本 结 构

柱上计量箱 TV 铁芯采用环型，在芯柱上套有二次绕组和一次绕组。二次绕组均绕在绝缘筒上，一次绕组首末两段最外层放有静电屏。两个绕组均为多层圆筒式，一次绕组套在二次绕组的外面，绕组之间留有绝缘。

电流互感器一次线圈和二次线圈为链形结构。铁芯采用超微晶合金，二次线圈均匀绕制在铁芯上。一次线圈采用优质软质铜带或玻璃漆包线卷制而成。

8.3 安 装

1. 安装流程

（1）柱上计量箱的安装可采用单杆安装和双杆安装。

（2）外表清洁完整，安装牢固可靠，水平倾斜不大于托架长度 1/100。

（3）电气连接可靠，铜铝搭接，应采用铜铝过渡线夹，连接部位应紧密可靠。

（4）安装时必须配装相应电压等级的避雷器保护，设备外壳及支架应接地，接地导线要有足够的截面，接地电阻符合规定。

（5）采用双杆安装时其底部离地面高度不应小于 2.5m，计量表箱挂设高度不小于 2m，并在台架醒目位置挂设"高压危险！禁止攀登"警告标示牌。

（6）安装时，相序一定要与电网相序相同。

（7）一次侧连线。顶部有一垂直放置的扁平式端子板，端子板上有 P_1、P_2 标志，P_1 为电源侧、P_2 为负载侧。将引线涂上导电膏用螺栓与一次端子板相连，必须要有足够接触面。

（8）二次侧连线。进行二次连线时，将外部电缆与二次接线板上的各个对应端子相连。

如果电流为多变比时按铭牌指示接在相应的端子上，当铭牌上指示接 S_1、S_2 时，把 S_2 接地，S_3、S_4 空闲；当铭牌上指示接 S_1、S_3 时把 S_3 接地，S_2、S_4 空闲；当铭牌上指示接 S_1、S_4 时把 S_4 接地，S_2、S_3 空闲。

注意不要把电流引线与电压引线接错。

（9）作业前准备。

安装柱上计量箱所需工器具见表 8-1。

表 8-1　　　　　　　　　　安装柱上计量箱所需工器具表

序号	名称	规格	单位	数量	备注
1	验电器	10kV	支	2	
2	验电器	0.4kV	组	2	
3	接地线	10kV	组	2	
4	个人保险绳	不小于 16mm²		2	
5	警告牌、安全围栏			若干	
6	绝缘手套	10kV	付	2	
7	绝缘操作杆	10kV	套	1	
8	传递绳	15m	条	2	
9	三门滑轮组		组	1	
10	安全带		条	2	
11	脚扣		副	2	
12	个人工具		套	2	
13	转向滑轮		只	1	
14	钢丝绳套		个	5	

安装柱上计量箱所需材料见表 8-2。

表 8-2　　　　　　　　　　安装柱上计量箱所需材料表

序号	名称	型号	单位	数量	备注
1	柱上计量箱		台	1	
2	压板	∠63×6×800	根	2	

序号	名称	型号	单位	数量	备注
3	接地装置		组	1	
4	接地引线	JKLYJ–50mm²	m	15	
5	绝缘自粘带	3m	盘	1	
6	搭接引线	JKLYJ–240mm²	m	15	
7	铜铝接头	240	个	6	
8	铜铝接头	50	个	4	
9	各类螺丝		套	若干	

2. 技术参数及注意事项

（1）性能符合 IEC 标准和《互感器　第 4 部分：组合互感器的补充技术要求》（GB 20840.4—2015）等。

（2）额定绝缘水平：12/42/75kV。

（3）额定频率为：50/60Hz。

（4）允许工作在 120％额定电流电压下。

（5）负荷功率因数：$\cos\phi = 0.8$（滞后）。

（6）额定二次电流：5A。

（7）安装地点的海拔不超过 1000m。

（8）环境温度：−40～40℃。

（9）大气中无严重影响互感器绝缘性能的污染及浸蚀性和爆炸性介质。

（10）接地端必须可靠接地。

（11）TV 运行时严禁将其二次侧短路。

（12）TA 运行时严禁将其二次侧开路。

（13）运行时注意使用条件应在额定范围之内。

接线图如图 8-1 所示。

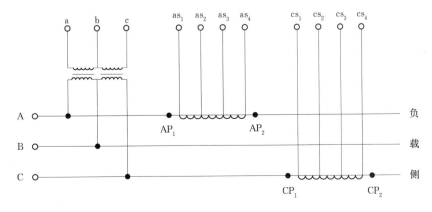

图 8-1　接线图

8.4　验收及验收标准

1. 验收

（1）参数应与设计相符，变比符合实际使用需求。

（2）安装高度符合规定，基础螺栓紧固。

（3）外表面应清洁、无损坏、无裂纹。

（4）一次、二次接线正确，连接牢固可靠。

（5）接地可靠，接地电阻符合规定值。

（6）相关的标志、标识牌齐全。

2. 验收标准

新安装的柱上计量箱应按交接标准及相关反措要求进行交接试验，注意与出厂试验数据比较无明显差异；并依据制造厂有关规定进行。

8.5　巡视项目及要求

（1）每年应对柱上高压计量箱作变比、比差、角差、耐压和介损试验。

（2）柱上高压计量箱巡视检查周期与相连线路相同，巡视检查内容如下：

1）接线是否正确，一次、二次接线端子电气连接是否紧密，有无松动。

2）高低压熔丝管接触是否良好，熔丝是否熔断，二次接线端子和高压熔丝管是否加锁加封。

3）外壳外表是否整洁完好，有无裂纹、闪络及放电痕迹。

4）运行中有无异声、异味、铭牌标志是否完好。

5）台架上是否清洁，有无杂物，相关的警示标识牌是否齐全，台架周围有无杂草丛生、杂物堆积、有无生长较高的农作物、树、竹、蔓藤植类接近带电体。

6）底部对地距离是否大于2.5m。

7）防雷和接地装置是否完好。

（3）发现下列情况应停止运行进行处理。

1）柱上计量箱外壳破损、裂纹、闪络烧伤。

2）接头过热、熔化。

3）有异常响声。

4）表计箱体锈蚀严重。

8.6　状　态　检　修

状态检修应遵循"应修必修，修必修好"的原则，依据设备状态评价的结果，考虑设备风险因素，动态制定设备的检修计划，合理安排状态检修的计划和内容。

柱上计量箱状态检修工作内容包括停电、不停电测试和试验以及停电、不停电检修维护工作，见表8-3。

表8-3 高压计量箱状态检修

部件	状态量	状态变化因素	注意状态	异常状态	严重状态
绕组及套管	一次绝缘电阻	绝缘电阻异常	—	—	限时安排A类检修
	二次绝缘电阻	绝缘电阻异常	—	及时安排A类检修	—
	接头（触头）温度	导电连接点温度、相对温差异常	计划安排E类或C类检修	及时安排E类或C类检修	限时安排E类或C类、A类检修
	污秽	外观严重污秽	计划安排E类或C类检修	及时安排E类或C类、A类检修	限时安排E类或C类、A类检修
	外观完整	破损	计划安排B类、A类检修	及时安排B类、A类检修	限时安排B类、A类检修
接地	接地引下线外观	接地体连接不良，埋深不足	计划安排D类检修	及时安排D类检修	限时安排D类检修
	接地电阻	接地电阻异常	—	及时安排D类检修	—
标识	标识齐全	标识和警示标识不全，模糊、错误	计划安排D类检修	（1）立即挂设临时标识牌。（2）及时安排D类检修	—

8.6.1 状态评价工作要求

状态评价应实行动态化管理。每次检修或试验后应进行一次状态评价。

8.6.2 检修分类

按工作性质内容及工作涉及范围，柱上计量箱检修工作分为五类：A类检修、B类检修、C类检修、D类检修和E类检修。其中A类、B类、C类是停电检修，D类是不停电检修，E类是带电检修。

（1）A类检修。A类检修是指柱上计量箱的整体性检查、维修、更换和试验。

（2）B类检修。B类检修是指柱上计量箱的局部性检修、部件的解体检查、更换和试验。

（3）C类检修。C类检修是对柱上计量箱的常规性检查、维修和试验。该类检修要求与小修要求基本一致。

（4）D类检修。D类检修是对柱上计量箱不停电的状态下进行带电测试、外观检查和维修。

（5）E类检修。E类检修是指对柱上计量箱在带电情况下采用绝缘手套作业法、绝缘杆作业法进行的检修、维护。

（6）检修项目如下：

1）A类检修：①本体检查、更换、维修；②相关试验。

2）B类检修：①停电时的其他部件或局部缺陷检查、处理、更换工作；②相关试验。

3）C类检修：清扫、检查、维修。

4）D类检修：①带电测试；②维修、保养；③检修人员专业检查巡视。

5）E类检修：带电清扫、维护。

8.7 C类检修标准化作业

C类检修是一种标准化检修，是以公司系统统一规范的检修作业流程及工艺要求为准则而开展的一种检修模式。其目的是通过对作业流程及工艺要求的严格执行，更好地开展检修工作，确保检修工艺和设备的投运质量，使检修作业专业化。C类检修项目与小修比较接近，但C类检修更重视作业流程的规范性。在目前的检修形势下，采取定期检修与状态检修相结合的检修模式，而定期检修通常采用C类检修。

8.7.1 检修前准备

（1）检修前的状态评估。

（2）检修前的红外线测温和现场摸底。

（3）危险点分析及预控措施。

1）上杆着装要规范，穿绝缘鞋，戴好安全帽，杆上作业不得打手机。上杆前先查登高工具或杆塔脚钉是否牢固，无问题后方可攀登，不使用未做试验、不合格的工器具。

2）安全带必须系在牢固构件上，防止安全带被锋利物割伤，转位时不得失去安全带的保护，安全带应足够长，防止留头太短松脱，攀爬导线时必须系上小吊绳或防坠落装置，风力大于5级不宜作业，并设专人监护。

3）检修地段两侧必须有可靠接地，邻近、交跨有带电线路应正确使用个人保险绳，做好防止触电危险的安全措施。

4）试验时，人员与开关设备应保持足够的安全距离。试验应在天气良好的情况下进行，遇雷雨大风等天气应停止试验，禁止在雨天和湿度大于80%时进行试验，保持设备绝缘清洁。

8.7.2 C类试验项目和标准

1. 测试绝缘电阻

（1）试验方法。将柱上计量箱两侧搭头线拆除，采用2500V兆欧表测量绝缘电阻。

（2）标准要求。本体绝缘电阻不低于300MΩ。

2. 测试导电回路电阻

（1）试验方法。将导电回路测试仪试验线接至柱上计量箱接线端上，电压线接在内侧，电流线接外侧。如采用直流压降法测量，则电流应不小于100A。

（2）标准要求。导电回路电阻值应符合制造厂的规定，运行中柱上计量箱的回路电阻不大于交接试验值的1.2倍。

3. 范围划分

柱上计量箱状态评价以台为单元，包括绕组及套管、接地及标识等部件。各部件的范围划分见表8-4。

表8-4	高压计量箱各部件的范围划分
部件	评价范围
绕组及套管 P_1	出线套管、绕组
接地 P_3	接地引下线
标识 P_4	各类设备标识、警示标识

4. 评价内容

高压计量箱的评价内容分为：绝缘性能、温度、外观和接地电阻，具体评价内容详见表8-5。

表8-5 高压计量箱各部件的评价内容

部件	绝缘性能	温度	外观	接地电阻
绕组及套管 P_1	√	√	√	
接地 P_3			√	√
标识 P_4			√	

8.7.3 状态评价

各评价内容包含的状态量见表8-6。

表8-6 评价内容包含的状态量

评价内容	状态量
绝缘性能	绝缘电阻
温度	接头温度
外观	污秽、锈蚀、接地引下线外观、标识齐全
接地电阻	接地电阻

（1）高压计量箱的状态量以查阅资料、停电试验、带电检测、巡视检查和在线监测等方式获取。

（2）高压计量箱状态评价以量化的方式进行，各部件起评分为100分，各部件的最大扣分值为100分。各部件得分权重详见表8-7。高压计量箱的状态量和最大扣分值见表8-8。

表8-7 高压计量箱各部件权重

部件	绕组及套管	油箱（外壳）	接地	标识
部件代号	P_1	P_2	P_3	P_4
权重代号 K_P	K_1	K_2	K_3	K_4
权重	0.4	0.3	0.2	0.1

序号	状态量名称	部件代号	最大扣分值
1	一次绝缘电阻	P_1	40
2	二次绝缘电阻	P_1	30
3	接头（触头）温度	P_1	40
4	套管污秽	P_1	30
5	套管外观	P_1	40
6	锈蚀	P_2	30
7	接地引下线外观	P_3	40
8	接地电阻	P_3	30
9	标识齐全	P_4	30

8.7.4 评价结果

1. 部件评价

某一部件的最后得分 $M_{P(P=1,3)} = m_{P(P=1,4)} \times K_F \times K_T$。

某一部件的基础得分 $m_{P(P=1,4)} = 100 -$ 相应部件状态量中的最大扣分值。对存在家族缺陷的部件，取家族缺陷系数 $K_F = 0.95$，无家族缺陷的部件 $K_F = 1$。寿命系数 $K_T = (100 -$ 设备运行年数 $\times 0.5) / 100$。

各部件的评价结果按量化分值的大小分为"正常状态""注意状态""异常状态"和"严重状态"四个状态。分值与状态的关系见表 8 - 9。

部件	85～100分	75～85（含）分	60～75（含）分	60（含）分以下
绕组及套管	正常状态	注意状态	异常状态	严重状态
接地	正常状态	注意状态	异常状态	严重状态
标识	正常状态	注意状态	异常状态	

2. 整体评价

当所有部件的得分在正常状态时，该高压计量箱的状态为正常状态，最后得分 $= \sum [K_P \times M_{P(P=1,4)}]$；一个及以上部件得分在正常状态以下时，该高压计量箱的状态为最差部件的状态，最后得分 $= \min [M_{P(P=1,4)}]$。

8.8 反事故技术措施要求

柱上计量箱的反事故技术措施如下：

（1）柱上计量箱一次侧引线连接端要保证接触良好，并有足够的接触面积，以防止接触不良产生的过热情况。一次侧接线端子连接必须牢固可靠。其接线端子之间必须有足够的安全距离，防止发生相间短路。

（2）二次侧引线端子应连接牢固可靠，与表计连接正确。

（3）TV 运行时严禁将其二次侧短路。TA 运行时严禁将其二次侧开路。

（4）运行时使用条件应在制造厂家规定额定范围之内。

8.9 常见故障原因分析、判断及处理

（1）现象。

1）运行时有异响。原因主要有一次接线端有松动或绝缘老化开裂。

2）表计不计量或显示异常。原因主要有二次接线端松动、断裂或表计损坏。

（2）应立即停电处理的故障。

1）一次引线或接线端温度过高。

2）有异响或放电声。

3）冒烟或着火。

参 考 文 献

［1］ 国家电网安质〔2014〕265 号. 国家电网公司电力安全工作规程（配电部分）［S］. 北京：中国电力出版社，2014.

［2］ Q/JDJ 21511—2010. 金华电业局中压配电网运行规程［S］. 2011.

［3］ Q/JDJJ 150201—1999. 金华电业局 10 千伏及以下配电网装置安装及验收标准［S］. 1999.

［4］ 熊卿府. 配电线路检修［M］. 北京：中国电力出版社，2010.

［5］ 马广志. 配电线路运行［M］. 北京：中国电力出版社，2010.

［6］ Q/GDW 643—2011. 配网设备状态检修试验规程［S］. 2011.

［7］ Q/GDW 644—2011. 配网设备状态检修导则［S］. 2011.

［8］ Q/GDW 645—2011. 配网设备状态评价导则［S］. 2011.